環遊世界八十種植物

AROUND THE WORLD IN
80
PLANTS

強納生‧德洛里（Jonathan Drori） 著
綠西兒‧克雷克（Lucille Clerc） 繪／杜蘊慧 譯
葉綠舒 審訂

Mirror 023

環遊世界八十種植物
Around the World in 80 Plants

國家圖書館出版品預行編目 (CIP) 資料

環遊世界八十種植物 / 強納生‧德洛里 (Jonathan Drori) 著；綠西兒‧克雷克 (Lucille Clerc) 繪；杜蘊慧譯 . -- 初版 . -- 臺北市：天培文化，2021.12
　　面；　公分 . -- (Mirror ; 23)
譯自：Around the world in 80 plants
ISBN 978-626-95016-0-1(平裝)

1. 植物 2. 通俗作品

370　　　　　　　　　　　　110015317

作　　者 —— 強納生‧德洛里（Jonathan Drori）
繪　　者 —— 綠西兒‧克雷克（Lucille Clerc）
譯　　者 —— 杜蘊慧
審　　訂 —— 葉綠舒
責任編輯 —— 莊琬華
發 行 人 —— 蔡澤松
出　　版 —— 天培文化有限公司
　　　　　　台北市 105 八德路 3 段 12 巷 57 弄 40 號
　　　　　　電話／ 02-25776564‧傳真／ 02-25789205
　　　　　　郵政劃撥／ 19382439
九歌文學網　www.chiuko.com.tw
印　　刷 —— 前進彩藝股份有限公司
法律顧問 —— 龍躍天律師‧蕭雄淋律師‧董安丹律師
發　　行 —— 九歌出版社有限公司
　　　　　　台北市 105 八德路 3 段 12 巷 57 弄 40 號
　　　　　　電話／ 02-25776564‧傳真／ 02-25789205
初　　版 —— 2021 年 12 月
定　　價 —— 450 元
書　　號 —— 0305023
Ｉ Ｓ Ｂ Ｎ —— 978-626-95016-0-1

給翠西和傑可布，我愛你們
因為你們放任我對植物的古怪熱愛

AROUND THE
WORLD
IN
80
PLANTS

目錄

前言

植物

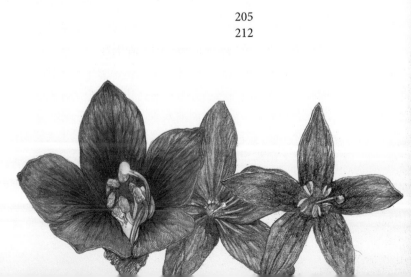

前言

記憶中，母親和父親總是以鑑賞家的態度描述植物。如同任何一位父母，他們會指出植物的果實和花朵的香氣及形態，以及隨著季節變化的葉片形狀、顏色和觸感。但是我和弟弟還聽到了植物不為人知的生命故事：它們的特徵和關係——彼此之間、與動物和真菌、與人的關係。我喜歡祕密，特別是雖然母親並非專業植物學家，手提包裡卻總是帶著放大鏡，用來檢視令人驚嘆的小細節。記得有一次我和父親一起去博物館參觀，當花朵用來指引昆蟲的驚人圖案在紫外線燈下顯現時，眼前的奇蹟讓我開心地笑了起來：原來祕密就躲在我們的眼皮底下！幾十年後，我成為皇家邱園的託管人——這裡也許是地球上最富生物多樣性的地方，處處散布著隱藏的寶石——我有幸參與各種植物學遠征，它們充滿無上的樂趣，並且啟發了這本植物的環遊世界之旅。在那之後，我擔任過自然基金會的大使，也參加過各種環境和植物組織董事會。這些組織的工作人員全都十分熱衷於分享植物學見解，使我更加意識到科學、歷史和文化交織成故事之後形成的力量。

嘈雜並且往往怪誕的植物世界中有太多東西吸引我們。誰不會對碩大的洋玉蘭、寶石般的蓮花或是美麗卻又詭異的蘭花著迷？或者是我們以為很了解的玉米、番茄、馬鈴薯背後令人驚異的歷史？又或者，扎根於定點的植物用來向空中散播花粉、孢子和種子的獨到之處；以及如何獎勵精確運送這些物質的昆蟲和動物。有些植物很誠實，會回饋負責授粉服務的對象，其他植物卻將之分解、欺騙，甚至引誘、殺死之後消化殆盡；我很難不將植物擬人化，並且——偷偷告訴各位讀者——有時就連在我夢裡也是這般。

對我來說，植物科學令人著迷，但是當它和人類歷史及文化交織在一起時又格外充滿活力。這本書裡大部分的故事揭示了人們對植物的所作所為：傻氣的甘蔗、罌粟和紅蝴蝶花尖銳又令人不安的故事；與卡瓦有關的特殊傳統；松蘿和杜鵑花；男男女女為了催情，以奇特的方式食用毒茄蔘、可可，甚至苦

艾；更別忘記富有喜劇色彩的南瓜。就連比較平淡的植物也有其令人愉悅之處：蕁麻、海藻、泥炭蘚；我的旅程始自位於倫敦的家和英格蘭、蘇格蘭和愛爾蘭，向東往這些植物所在地前進，大致（真的是大致！）依照儒勒‧凡爾納（Jules Verne）故事中菲利斯‧弗格（Phileas Fogg）的路線。

植物所能成就的最大奇蹟也許要屬光合作用了。它們吸收最基本的物質——空氣、水和根部所得相對少量的養分——使用陽光的力量將其打造為複雜的物質：木質、纖維組織、葉片、果實、種子；這些都是我們和其他所有生物或多或少必須依賴的物質。動物們要不是直接吃植物維生，要不就是吃其他以植物維生的物體。

植物、動物、真菌和所有的小生物都在既多樣又令人驚異的複雜生命網絡上彼此依賴。但是如同疊疊樂遊戲，玩家輪流抽出木塔的各個組成部分，直至木塔搖晃一陣之後倒塌下來，因此，當單一物種受到威脅，我們的生態系統防禦力就會降低，直到它脆弱不堪，甚至完全崩毀。我們的未來仰賴這些生態系統以及它們之間的關係；但可悲的是，生物多樣性受到人類的大量消費型態、我們的農業操作方式，以及氣候變化嚴重威脅，它們其實是牽一髮動全身。

我們這個物種消耗了多少食物，以及消耗食物對環境的影響，不僅與不斷增長的人口數量有關，也與我們做的選擇有關：我們採購的貨品數量、貨品原料的開採和生產方式；個人或行業使用的能量、我們旅行的方式、我們用於建構的技術等等。不幸的是，一旦氣候變遷對所有人的影響變得揪心地明顯，想改變這場浩劫卻為時已晚。如果有足夠的誘因，必須進行的改變其實就在我們的掌握之中；事實上，我們已經知道許多解決方案，或可以利用我們的能力發展出來。但是那些誘因需要願意課徵碳稅、補貼綠能技術的果決政府，假如我們繼續躊躇不決，便可能需要配給某些產品和活動。我們需要有勇氣、有遠見的領導者，對抗那些短視近利而模糊問題、擋路的關說人士；我們也需要思考

周延、具有大眾矚目的群眾魅力和使命感的決策者向大眾傳遞逆耳的信息，同時，每個國家都必須相信我們同在一條船上，我們是共同反對氣候敵人的聯盟，而非進行一場孰勝孰負的比賽。

如果人們覺得自己比其他人做出更多犧牲，便會抵制改變。要迅速而且果斷地轉為較具永續性的低碳世界確有其困難之處。沒錯，有些產業會失敗，但是其他產業將在新的利基位置上蓬勃發展，正如植物隨其棲息地進化。某些樂趣將到此為止；但會有其他的有趣活動取而代之。我們應該鼓勵我們的領導人和媒體正視這個當代的大問題：如何快速轉移到低消費的低碳世界，同時感到快樂和充實？

我們種植食物的方式會對更宏觀的環境產生巨大的影響：我們使用大量的化石燃料生產化肥，又用砍伐森林後種出的大量玉米和大豆飼養數十億頭養殖動物，最終又被我們吃掉。這個做法的效益之低，誇張到可笑。少吃肉和家禽能減輕土地壓力，促進生物多樣性，並減少我們對石油和天然氣的依賴。擴大我們所食用植物的多樣性也能幫助環境；我們的卡路里有一半直接或間接來自來自三種植物：小麥、水稻和玉米。加上另外僅有的九種植物，便大幅佔有了我們的食物總數的百分之八十五。其實還有很多既有趣又營養豐富的植物被我們忽略在一旁。若能更大量地應用它們，不僅僅有趣，又能降低我們對龐大的單一作物的依賴；這些單一作物通常高度近親繁殖，易受病蟲害侵害。我們還必須保護農作物的野生親戚：那些毫不起眼，看起來很卑微，幾乎認不出來是被我們馴化的食用植物的近親。它們其中許多受到棲地流失和氣候變化的威脅，卻能讓我們以其基因培育出抗病性、耐旱性，以及其他重要的生存特性。

我希望你會喜歡這趟植物之旅。《環遊世界八十樹》受到熱烈迴響是令人開心的驚喜。似乎許多讀者將它放在床頭櫃上或廚房裡，讓自己好好沉浸其中，而非從頭到尾翻閱一遍而已；因此我在本書裡偶爾納入幾個主題岔點，鼓

勵讀者轉移注意力，彷彿在現實生活中散步時會分心那般。

　　我除了享受與植物共度時光的樂趣外，還喜歡閱讀最新的大學研究報告，不過卻刻意避免旁註和詳細參考資料，儘管本書有一部分是關於深入研究的建議（請參見第二○六頁）以及內容更豐富的網路資源清單（請拜訪 www.jondrori.co.uk）。當然，文字只是故事的一半。我想各位都同意，綠西兒・克雷克（Lucille Clerc）的插圖光彩奪目，它們正如最好的肖像，捕捉到個別物種的本質，使書中文字更加完整。請盡情享受這些非凡的植物，同時稍微想一想其他成千上萬值得我們留意，或者往往需要我們保護的植物。

英格蘭

蕁麻
Urtica dioica

　　雌雄異株的蕁麻是被我們低估的植物。它們將花粉託交給風，不是昆蟲；它們也不需要豔麗的花朵，而是靠著微小花朵形成的花串。雌花是精緻的淡紫色柔荑花序，縷縷垂掛；雄花則形成奶油色或略帶粉紅色的綠色圓拱，配備有微小的彈射器，將花粉彈向空中，炸開手指長度的距離之外，形成夏日早晨能看見的魔幻景象。

　　蕁麻的莖通常與肩同高，含有長而堅硬的纖維，幾千年來運用於編織紡織品。在丹麥曾發現具有兩千八百年歷史，紡工和織工皆極美的蕁麻布疋，包裹著火化的人類遺體。在中世紀歐洲，蕁麻纖維與亞麻布（參見第三十六頁）都廣泛用於製作布料；第一次世界大戰期間，德國和奧地利也四處可見廣告呼籲人民收集蕁麻，作為稀少的棉花替代品。

　　「蕁麻」（nettle）一詞，嵌在許多典型的英國村莊名字裡（在德國村莊裡則是「nessel」），來源可能出自印歐語系的「纏在一起」，或者可能是盎格魯撒克遜語中的「針」，既與縫紉有關，也提醒人們這種植物的防禦機制。蕁麻的葉片呈鋸齒狀，心形，與堅硬的莖上都有纖毛覆蓋——稱為毛狀體——其中許多很細小，像玻璃，能刺人。若以刷子逆向刷這些毛，毛尖的細小球體就會折斷，在皮下留下如針的毛，向內注射混合刺激物質，引起搔癢和灼痛，症狀可持續數小時。人們通常以生長於鄰近的鈍葉酸模減輕疼痛；雖說幫助不大，卻能讓我們忙上好一陣子，使皮膚稍微感覺涼爽，也許還能讓人想起童年時父母曾以同樣手法緩解疼痛的溫暖回憶。同時，蕁麻用毛狀體攻擊牛隻敏感的嘴唇和鼻子，使它成優紅蛺蝶、蕁麻蛺蝶、孔雀蛺蝶幼蟲，以及其他許多昆蟲的重要生存據點；牠們毫不在乎那些毛狀體，並仰賴其保護，免受掠食者的侵害。

　　蕁麻伴隨著我們的生與死，為人類歷史提供線索。它們在富含磷酸鹽的土中長得特別好，會佔據施了肥的農田邊緣，並跟隨我們製造的磷酸鹽蹤跡——人們生火留下的灰燼、排泄物和人體骨骼。城堡的護城河岸茂盛的蕁麻仍然持續以數百年前該處廢水和垃圾遺留下的礦物質維生。只要有機會，蕁麻就會在教堂旁的墓地裡繁衍；在古老的人類棲居地茁壯，凡是土地裡有人類居住之後殘留的化學元素，它都能比其他植物長得更好；它們甚至能向法醫調查人員揭

露掩埋屍體的位置。

　　不幸被派往帝國最北端國境哈德良長城的羅馬士兵，習慣用「蕁麻治療法」減輕風濕病、感冒，甚至無聊的時光：以蕁麻鞭打自己。確實，從正常的心態上來說，反覆的熾熱刺痛並非完全令人不快，但唯有心態特殊的人才會認為這種做法具有催情效果。這種人確實存在，所以時至今日，希望在快樂中添加少許痛苦的人仍會使用這種「蕁麻治療法」。

　　在英語中，不適感和享受似乎都與蕁麻有關係。十八世紀時曾有愛惡作劇的人請花園訪客描述一些新發現的香草植物氣味。事實上那些香草植物都是某種會刺人、當時少有人知的蕁麻品種。惡作劇者看著受害者向植物湊近鼻子，緊接著露出痛苦的表情；哦，那些喬治時代的人，笑得可開心了！英格蘭西南部的多塞特郡每年仍有吃蕁麻比賽，理智的參賽者（有這樣的人嗎？）都知道在入口之前先將葉片捲起，或多或少地減輕毛狀體的破壞力。然而，烹調過程能完全破壞毛狀體，所以春天新生的嫩蕁麻尖能做成不具殺傷力的湯，儘管具有奇妙的粗糙口感。嫩蕁麻的風味有點像青草，營養價值卻勝過菠菜，並且能令喜好野外採集的人們施施然，充滿成就感。

　　蕁麻帶著特別的英國風味，一方面是因為它古怪和喜劇性的潛力，另一方面是因為它兼具距離感和受歡迎的特性，替英格蘭宜人的綠油油土地增添微微的危險魅力。

黑海杜鵑
Rhododendron ponticum

　　我們所稱的黑海或本都杜鵑是一種大型的木質灌木，枝條放肆地糾結，有光澤的葉子向外展開，盛開的花朵顏色自紫丁香粉紅到大膽的紫色，每朵花都有黃赭和橘色斑點。就連它的木質蒴果打開後，裡面也是溫暖、醒目的顏色。大多數杜鵑花是從喜馬拉雅山和更遠的東方被帶到歐洲來的，但是這個品種以其位於土耳其東北部本都山脈的家鄉命名。

　　黑海杜鵑在十八世紀引入不列顛和愛爾蘭，在潮濕的溫帶氣候中生長得很好，事實上是太好了。它被種植成宏偉的柱子，作爲地面上茂盛的裝飾；接著地主們又大舉將其種植爲狩獵用野鳥的藏匿處。它耐陰和酸性土壤，就此肆無忌憚地繁衍。

　　如今，蘇格蘭西部的廣大地區被它佔領，對當地的生物多樣性產生深遠的影響；只要有杜鵑花存在，該處幾乎所有植物種類都會陷於危機。當黑海杜鵑在其原生地域內，沒有人爲幫助的情況下，能在生態系統中表現得很穩當；但在不列顛和愛爾蘭，它們卻比本地物種更能在光線和營養上佔到競爭優勢。更糟的是，黑海杜鵑還帶有疫黴菌（*Phytophthera ramorum*，phytophthera 是希臘文的「植物毀滅者」），是類似眞菌的水黴菌，會攻擊樹木，尤其是落葉松、山毛櫸和甜栗樹。

　　許多植物的葉子有毒性，可以阻擋食草動物，但是黑海杜鵑就連花蜜都有毒。雖然它的花蜜對英國蜜蜂具致命性，大黃蜂卻不受毒害，進一步協助黑海杜鵑的入侵。

　　在土耳其山區和黑海沿岸往喬治亞共和國的方向，當地蜜蜂已進化出能對抗黑海杜鵑花毒素的免疫力。那裡的蜜蜂享受豐富的花蜜，幾乎沒有其他昆蟲與其競爭，所以黑海杜鵑的專屬授粉者有充足的糧食，不會因爲其他花朵分心。但是，食用蜂蜜的人類卻沒那麼幸運了。一大匙蜂蜜便足以降低血壓至危險程度，並使心跳減速。西元前六九年，波斯國王米特里達斯（Mithridates）的盟友，受到羅馬將軍龐培（Pompey）指揮的軍隊追殺，故意將有毒的蜂巢遺留下來讓羅馬人找到。對追兵部隊來說，如此豐沛的甜美蜂蜜令人無法抗拒，於是他們就此失能，迅速被擊潰。西元一世紀的羅馬博物學家老普林尼

（Pliny the Elder）便警告來自該地區的「瘋狂蜂蜜」，但每隔幾百年，直到十五世紀，仍有紀錄顯示軍隊模仿前人以蜜毒敵。

今日的黑海地區仍有人收集「瘋蜜」，偶爾用於提神劑或消遣性藥物，引發刺癢的昏睡感。據稱它也具有增強性功能的效果，無疑解釋了爲何大多數不經意中毒的人都是某個年齡層的男性。

蘇格蘭（和美國）

海帶（和巨型海帶）
Laminaria spp. 和 *Macrocystis pyrifera*

　　海藻是非常原始的植物，其範圍從微小的單細胞浮游生物（請參閱第二○三頁）到巨大的海帶。雖然它們也行光合作用，而且某些品種具有看似莖和扁平的葉片，卻都沒有「正常的」陸地植物具有的內部汲水構造。海藻使用「假根」將自己固定在岩石上，直接從海水中吸收一切生存所需養料。

　　蘇格蘭水域有幾種常見海帶，全都是菸草或橄欖棕色，葉片長，呈革質。無論是閃閃發亮地在海水中搖曳或剛被沖刷上岸時，這些帶狀和繩狀植株顯得異常光滑，像是要誘人觸摸甚至舔舐；但當它們被暴風雨吹打成腐爛的海帶堆時便正好相反，儘管此時的海帶是價值很高的堆肥。糖海帶或海帶藻（*Saccharina latissima*）的葉片有著襯裙般的荷葉邊，特別引人食慾，因為它以甘露糖醇形式儲存養分，而這種糖醇與口香糖的糖衣成分相同。它還被稱為「窮人的晴雨表」，因為懸掛在空中的糖海帶會隨著濕度變化膨脹或緊繃，人們便藉此預測天氣。另外兩個種：糾結的掌狀海帶（*L. digitata*）和多曲線的北方海帶（*L. hyperborea*）都是光滑的帶狀；從前人們會將它們的嫩葉切成薄片，或迅速汆燙之後作為蘇格蘭市鎮裡販售的美味街頭小吃。海帶含有增強風味的化合物，一種叫做昆布的日本品種，便是首次提煉出味精的來源。

　　十八世紀時，採集來的海帶經過乾燥焚燒後製成海帶灰，成為玻璃製造過程中重要的蘇打來源，作為「助焊劑」——添加到熔爐中的物質，使主要成分的沙在較低溫度下就能熔化。被用於肥料的海帶，以及大規模燃燒海帶產生的煙霧和臭氣非常不受歡迎，以至於在蘇格蘭北部沿海奧克尼群島上的工人需要穿戴正式防護裝備。在法庭上的控訴是「焚燒海帶的窯會使各種魚類生病或死亡……使農田裡的玉米和草枯萎；帶來各種疾病；導致綿羊、馬匹、牛隻，甚至是工人自己的家人不育」。但是畢竟商業價值更有說服力，到了一九○○年，蘇格蘭全境約有六萬人靠著海帶產業為生，儘管沿海地區的工人鮮少真正看到地主們所得的利潤。

　　到一八二○年左右，取自海帶的蘇打已被其他來源取代，但人們仍然為了來自海水、經由海帶纖維自然濃縮的化學元素採集海帶。海藻植物一直是碘的特別重要來源：碘是一種晶體元素，具有難以置信的深紫色金屬光澤（碘的英

文名字「iodine」來自法文「*iode*，意指紫羅蘭），用於醫學和製造防腐劑。一八四〇年代，光是在格拉斯哥就有二十個碘生產商。海帶也會累積砷，是天然存在於海水中的劇毒元素。在奧克尼群島北部有一種叫做北羅納德賽（Ronaldsay）的綿羊，已經發展出幾乎只靠海帶維生的能力。牠們的肉除了有股特殊的海洋氣味之外，也含有比草食羊高一百倍的砷，儘管仍在法定範圍內。也許這些綿羊對砷特別有抵抗力，但是每天食用以海帶飼養的綿羊或海帶本身，都是不明智的做法。

太平洋的巨型海帶是世界上最大的。光是一個生長季就能達到六十公尺（兩百英尺）長，等於每天至少生長一條手臂的長度。這些巨型海帶由巨大的假根固定在水面以下十到二十公尺（三十到六十五英尺），藉由每片葉片底部的氣囊保持漂浮，形成的水底森林是生產力極高的生態系統，支持著從最小的生物直到魚和海豹等物種。理論上來說，這些充滿生命的巨大海帶群落應該可以餵飽一萬五千年前移居到北美洲的移民。根據此「海帶高速公路」假設，移民的遷徙可能不是經由陸路，也就是現在分開俄羅斯和阿拉斯加的白令海峽，而是以海路順著環太平洋海域沿岸移動，旅程中藉著巨型海帶得到養分。近年來，有人建議以人工種植的海帶森林隔離來自大氣的碳。

只需截斷海帶頂部幾英尺，就可以永續收穫海帶。第一次世界大戰期間，加州南部以臭名昭彰的大桶發酵海帶製成丙酮，作為炸藥的重要原料。現今採集的海帶則用於生產褐藻膠，這種化學物質可以吸收數百倍於自身重量的水。褐藻膠能讓冰淇淋以及奶油起司具有體積感和柔滑口感，也用於製造紡織品和油漆；醫藥用途則是治療胃灼熱和膠囊的表面塗布。這些用途大部分都隱而不顯，如同海帶本身，只有那些住在海邊的人才看得見；這一點頗為可惜，因為它們極富價值而且非常美麗。

泥炭蘚
Sphagnum spp.

　　泥炭蘚很少達到腳踝高度，是打造泥炭沼澤的低調主角：這裡既是寧靜美麗的棲地，也是全世界最重要的生態系統之一。跨越北極和副北極地區，只要是經常下雨、排水不良的積水之處，泥炭蘚就會為地面鋪上一片潮濕的披風，顏色驚人地多樣；低沉的綠色和柔和的赤褐色、銅色和巧克力色上點綴著明亮溫暖的粉紅色、橙色甚至黃色斑點。泥炭蘚是古老的植物，缺乏更進化的植物具備的幫浦構造輸送水分和養分，所以不需要根。它只有頂部是活的；底下散亂的棕色部分則已經死亡。

　　蘇格蘭和愛爾蘭的泥炭蘚沼澤長得特別好。事實上，英語的「沼澤」（bog）來自蓋爾語詞根，意指柔軟、潮濕、浸泡──對於徒步穿越泥炭蘚沼澤裡的圓丘和會浮動的厚厚泥炭層的旅行者來說，這些現象不足為奇。泥炭蘚滯水和吸水的能力很驚人，羽毛狀的小葉結構能像海綿一樣留住雨水；植物體中特殊的「蒸散細胞」上具有細孔，能使乾燥的泥炭迅速吸收其自身體積二十倍的水。

　　泥炭蘚不開花。反之，它藉由風力傳送微小的孢子。對於矮小的植物來說，在靠近地面、流動緩慢的空氣層中生長可能是個問題，但幸運的是，泥炭蘚已發展出非同尋常的解決方案。指甲般長度的細莖末端掛著球形、紅黑色、直徑只有幾公釐的孢蒴。每顆孢蒴裡有三分之一的空間都是緊密的孢子──可以達到驚人的二十五萬粒，其餘三分之二的空間是空氣。

　　孢蒴會在乾燥的過程中收縮，將內部空氣壓縮到大約五個大氣壓力，約相當於汽車輪胎壓力的兩倍。孢蒴蓋會猛地鬆開，有如迷你氣槍向天空發射孢子。孢子能在破裂孢蒴內的微小距離間經歷比重力大三萬五千倍的加速度，時速可超過一百公里（六十五英里）。成群放射孢子的方式，大大減少了拖慢單粒孢子的阻力。孢子們以環形漩渦向前推動，能達到不可思議的二十公分（八英寸）高空中──足夠高到飄走了。在比較乾燥的日子裡，泥炭蘚彈出孢子的劈啪聲是聽覺的奇蹟。

　　泥炭蘚左右環境的手法也很高超，除了使環境適合自己，還同時消滅競爭對手。它形成的地毯上有枯葉纏結形成的水窪，水中氧氣已經耗盡，進而抑制生機；泥炭蘚吸取的養分超過其自身生存所需，並能將養分隔離起來，給其他

物種留下很少的殘餘物質；它狡詐地使用化學物質酸化沼澤的水——令大多數植物以及微生物敬而遠之。在沼澤中發現的人類屍體即使經過了數千年，仍然保存完好。

　　泥炭蘚的殺菌和吸收液體的能力使乾燥的苔蘚成爲寶貴的傷口敷料。第一次世界大戰期間，英國醫院每月使用數百萬塊能吸水和殺菌的泥炭蘚敷料，英國和加拿大的社區甚至組織「泥炭蘚大隊」採收泥炭蘚，以助滿足大量需求。

　　由於酸性和缺氧能夠防止腐爛，死亡的泥炭蘚會在壓力下形成泥炭——亦即煤炭的先驅。這個過程很緩慢，目前最深的沼澤具有超過十公尺（三十三英尺）厚泥炭層，已有一萬多年的歷史了。人們從少許泥炭中提煉出煙味，爲麥芽威士忌添加獨家風味的做法也許可以理解，但不幸的是，沼澤現在受到林業和農業排水的威脅，更有大型工業規模採割泥炭蘚製成燃料。泥炭蘚沼澤地只覆蓋地球百分之一的土地，卻是非常重要的碳儲存庫。無論乾燥草皮塑成的金字塔多麼美觀，無論泥炭火的氣味多麼香，無論泥炭改善花園土壤或產生能量的效能有多好，爲了短期收益摧毀沼澤都是災難性的短視之舉。

槲寄生
Viscum album

　　槲寄生像燕窩般糾結成團，在寒冬的幾個月中尤為顯眼：這個時節裡，它寄生的歐洲西北部樹木，特別是蘋果、萊姆和楊樹都已經落盡葉片。槲寄生對冬天輕蔑地做了個鬼臉，牢固交纏的葉片仍然堅持保留春天新鮮的綠色；它的果實無色，但有誘人的半透明質感，對人類和寵物具毒性，卻是鳥類的寶貴食物。

　　歐亞鶇將喙伸進果實裡，卻不會攝入種子。這些種子外面裹著槲寄生素——能黏在鳥喙上的黏稠物質。歐亞鶇不厭其煩地在樹枝上刮擦清理槲寄生素的同時，也刮破了樹皮，有時便會將種子留在樹皮縫隙之間。因槲寄生而得名的槲鶇則吞下整顆種子，之後會在牠慣用的排泄處將種子排出，此時種子上仍然附著黏稠的絲狀槲寄生素。一頭撞到纏結懸掛在低矮樹枝上的這種臭味物體，真可說是戶外生活的一大樂趣。

　　槲寄生種子一旦遇到樹枝，就會顯現出它的陰暗面。種子長出細長的寄生根，伸入樹木的表皮組織，槲寄生就會在接下來的一生中（如其絢麗的表親澳洲聖誕樹，請參見第一二九頁）以半寄生的形式生活。它用葉片行光合作用，但會從宿主身上吸取所有需要的水分和養分，宿主的生長速度會因此變得緩慢，並且更容易感染疾病。由於槲寄生明顯降低了木材和水果的產量，法國有一些地區性法規要求地主清除槲寄生。幸好，槲寄生有現成的市場。

　　由於槲寄生有超乎尋常的冬季繁衍能力，在還沒有聖誕節和新年慶祝活動的古代異教徒和德魯伊節時期時，它便與人類的繁殖力有了關聯，而且很容易就成為「*porte bonheur*」——法文的幸運符。時至今日，槲寄生仍是很搶手的季節性裝飾，但由於它的異教背景而不會懸掛在教堂裡。在槲寄生下接吻的傳統可能起源於英國，保守自持的人們也許需要它提供某種社會認可；它也是許多辦公聖誕晚會上受到愛起鬨的人歡迎或被管理階層禁止的裝飾。

法國

苦艾
Artemisia absinthium

　　苦艾是健壯的路邊草藥，具有悠久而寶貴的藥用價值歷史。它能長到齊胸高度，葉片有銀色的銳利深紋，枝條末端是團團的淡黃色小花。壓碎之後會釋放出強烈、類似鼠尾草的香氣。

　　顧名思義，英文通名為蟲木（wormwood）的苦艾包含有效的驅蟲化學物質——在人們日日受腸胃寄生蟲所苦的古時候，這個特性極有價值。除了寄生蟲之外，其他生物也不喜歡它。西元一世紀的迪奧斯科里德斯（Dioscorides）在他的《藥物誌》（*Materia Medica*）中建議，於墨水中添加苦艾精油以防止老鼠啃食當時由莎草製成的書籍（請參閱第六十四頁）。西元七七年，老普林尼記錄了苦艾抵禦昆蟲的能力；古法文中以「*garde-robe*」（保存衣物）和英文「ware-moth」（驅蛾）稱呼苦艾，正反映出這一點。德文的「*wermut*」（用於稱呼羅馬蟲木，是艾草的親戚）是苦艾酒的祖先，最初為一種苦藥。

　　一七九二年，一位瑞士醫生皮耶・歐地奈（Pierre Ordinaire，是的，是真的姓）開始販售苦艾酒，是以苦艾草為底的專利藥酒。亨利・路易・保諾德（Henri-Louis Pernod）在一八〇五年於瑞士邊境的另一側，法國，設立了苦艾酒工廠。製造方法演進為將苦艾草、茴芹或大茴香（*Pimpinella anisum*）和其他草藥經過蒸餾後與草本萃取物混合。成品符合預期的苦澀，閃爍著祖母綠般的色澤，酒精濃度高得嚇人。一八四〇年代，苦艾酒會分發給在阿爾及利亞的法國軍隊，以預防發燒和寄生蟲，並寄望能消毒受汙染的水。後來謠傳這種酒其實是壯陽藥，而且可能有危險，自此更讓回鄉士兵們對它念念不忘。

　　然而，苦艾酒直到有了專屬的術語和用具之後才真正流行起來。到一八七〇年代，飲用苦艾酒的儀式充滿了令人回味的巴洛克風格。將一小杯苦艾酒倒入玻璃杯中，杯口放著特別的有孔小匙，盛著一顆方糖。冰水最好由黃銅和玻璃製成的精緻容器盛裝，慢慢滴在糖上。接著，在稱為拉路許（La Louche，意為長柄杓）的過程中，各種易溶於濃縮酒精，但較不易溶解於水的油性物質會從苦艾酒中析出，水晶般的綠色透明液體便會神奇地變成誘人的乳黃色。

　　由於苦艾酒的顏色和對心智的影響，而有了「綠色仙子」（la féeverte）的綽號，受到美好年代期間聚集在咖啡館裡的波希米亞人們歡迎。專門的酒吧以

一杯苦艾酒滿足了下班後的放鬆儀式，並將該時段巧妙地宣傳爲「綠色時辰」（l'heure verte）。諷刺的是，西元五〇年的迪奧斯科里德斯將這種植物界定爲治療宿醉的草藥，但是苦艾草卻似乎增強了酒精的作用，甚至能改變認知和引起幻覺。

到一八八〇年代，許多印象派畫家都熱愛飲用苦艾酒，包括奧斯卡·王爾德、帕布羅·畢卡索、查爾斯·波特萊爾和當時的龐克詩人保羅·魏爾倫和亞瑟·蘭波，後者甚至用苦艾酒起誓（我是說眞的）。有了如此的名人代言，苦艾酒先是成爲一股狂熱，隨之而來的是癮頭……還有商機。生產過剩的廉價版本開始充斥市場，然後麻煩就開始了。

慢性成癮者開始表現出「苦艾徵狀」。他們的臉色蒼白，精神受擾，有可能看見任何幻象，全都被歸咎爲苦艾的有毒成分側柏酮。文生·梵谷畢生最有趣的作品可能是在苦艾酒影響之下繪製的，但他的瘋狂、自殘和最終的自殺，也同時可能是因苦艾酒而日漸加劇。苦艾酒的危險被封存在埃德加·德加（Edgar Degas）的苦艾酒飲者的畫中：畫面裡一位疲憊又不快樂的女人眼神空洞地凝視著她的杯子。一些苦艾酒飲者會受抽搐所苦，甚至死亡。第一次世界大戰剛發生的時候，法國和其他許多國家都禁止使用苦艾酒。

我們現在知道，便宜的苦艾酒經常摻有毒質和有害的色素。最嚴重的問題很有可能是這些物質加上極高的酒精含量造成的，不應歸咎於少量的側柏酮。如今苦艾酒已經不是禁酒，不過爲了保險起見，只能使用側柏酮含量極低的苦艾品種——遠低於可能產生任何醫學反應的門檻。但是，現代製造商和行銷人員仍然努力打造苦艾酒能大幅影響精神狀態的名聲。但是，苦艾入藥的故事尚未結束。

自從一九六〇年代後期，中國科學家齊心協力努力尋找新的瘧疾治療方法，篩選傳統藥學裡對抗發燒的植物。研究人員的靈感來自葛洪的經典著作《肘後備急方》（西元三四〇年）和西元一五九六年《本草綱目》中的敘述「由於間歇性發燒引起的冷熱疾病」，進而調查了中國本土的黃花蒿（或稱青蒿，*Artemisia annua*）。黃花蒿有亮綠色羽狀葉片和奶油色的花，與苦艾密切相關。研究人員發現並萃取出稱爲青蒿素的物質。青蒿素不是偶然出現的，其化學結構需要植物提供大量資源才能合成，目的似乎是爲了抑制競爭植物入侵黃花蒿的領土。然而，用於人類，它能殺死血液中的瘧原蟲。該研究獲得了諾貝爾獎，如今青蒿素及其衍生物是由中國、越南和眾多非洲國家種植的黃花蒿製成的抗瘧疾藥物的基礎。當古代知識提供現代科學如此有價值的指引時，眞是令人滿足的事。

丹麥

三葉草
Trifolium pratense

　　與三葉草徹底改變世界的能力相較，它們看起來出奇地尋常：這種披覆在地面的草本植物很少超過小腿高度。三葉草有兩種常見的栽培種，都生有飽滿、如櫻桃大小、具微妙甜香的花；「紅」三葉草（*Trifolium pratense*）實際上是洋紅色，適合長舌大黃蜂授粉；白三葉草（*T. repens*）則吸引蜜蜂。最令人印象深刻的三葉草田地是在平坦而肥沃的丹麥鄉間；其種子是重要的出口產品，紅三葉草甚至出現在丹麥國徽上。此外，較不常見的黃色三葉草品種（*T. dubium*）最有可能──但是並不確定──就是愛爾蘭人認為的真正酢漿草（英文為「shamrock」，而蓋爾語的「*seamróg*」代表「小三葉草」）和舉世聞名的該國象徵。

　　植物利用葉片吸收二氧化碳和根吸取水分，進行光合作用，但它們需要土壤供給其他營養，尤其是氮化合物和磷。當作物收割之後，這些養分也隨之自土壤移除，除非換上一批新養分，比如將動物和人類的糞便施用於土壤裡，否則農作物便會減產。最常見的解決方案是添加肥料──氮化合物和各種其他化學物質。但是，儘管空氣中充滿了氮，仍然需要一些花俏的化學作用，才能將其轉化為植物可以使用的養分。此時就輪到豆科植物上場了：這個植物家族包括三葉草，以及豌豆、豆類和小扁豆，甚至豆科灌木和羅望子樹等樹木；它們是地球的天然肥料。

　　豆科植物與生活在其根部結節中的根瘤菌之間有著美好的共生關係，使植物得以「修復」氮，也就是從空氣製造出氮化合物。蛋白質和胺基酸是我們這些動物的基本組成單位，含有大量的氮，這就是為什麼豆類在我們的飲食中如此重要；我們除了直接吃掉它們，還用它們餵養供我們食用的動物。數千年來，人類在田間輪種豆科植物，因為它們「修復」的氮也同時餵飽其他農作物。

　　三葉草非常擅長自空氣製造氮，並積累磷。大約在西元十世紀，它首先在阿拉伯統治下的西班牙被馴化，但直到十七世紀才在歐洲廣泛種植。當時歐洲向增長中的城市出口的穀物日益增加，導致農用田地缺氮，但是城市居民的排泄物又無法輕易回歸土地，三葉草就此成為養活人口不可或缺的植物；從一七五〇年開始的一百五十多年間，農業生產量暴增。有了三葉草，就意味更

肥的牛隻、更多牛奶和肉類和更好的農作物。有了這些額外的食物，歐洲人口在那個時期幾乎增長了三倍。

除此之外，人們的生活也變得更甜蜜了。三葉草花必須仰賴授粉，因此，蜜蜂常常到田間出遊，蜂蜜產量也暴增。三葉草披覆的地表由浪漫的紅色、白色、綠色綴補而成，是代表歐洲的特色之一。如今，許多歐洲語言中都有相關的俗語——比如英語的「活在三葉草中」——意指輕鬆或穩定的生活。既然三片葉子的三葉草已經與美好的事物聯繫在一起了，罕見的突變四葉草便等同於更加幸運。每幾千株裡才會出現一株四葉草，它們的稀有程度使它們顯得特殊，但是想找到也是件痛苦的差事。

一九○九年，德國化學家弗里茨‧哈伯（Fritz Haber）以甲烷（天然氣）和空氣為原料，發明出以人工合成氮化合物作為肥料原料的方法，並因此獲得諾貝爾獎。第二次世界大戰後，哈伯製法在全球的應用範圍大幅增加，取代了三葉草與根瘤菌的伙伴關係。哈伯製法使農作物產量提高，因此增加了世界人口，但也消耗大量能源，大幅度加劇氣候變化。多餘肥料流進河流和海洋，藻類增生造成水域內的死亡地帶，地表也由人工施肥的單一作物區主導，這些區域對除草劑和殺蟲劑的依賴性增加，同時喪失了生物多樣性和魅力。

某些工業化的耕作方法並不具永續性。若農業能結合傳統作物輪作、更好的管理方式和改良的農作物以及三葉草品種，競爭力將越來越高。有遠見的農民們正在將三葉草重新引入農地裡，有了它，對生物多樣性極為重要的蜜蜂和其他授粉者也會隨之而來。

荷蘭

鬱金香
Tulipa spp.

　　只有少數幾種野生鬱金香是猩紅色的，它們已經進化爲可由甲蟲授粉，而不需依靠風或其他飛行的昆蟲。否則，鬱金香通常都是陽光般的亮黃色，大片灑落在中亞的半乾旱山丘上；中世紀時的遷徙部落將它們帶到今天的土耳其。某些鬱金香的花瓣有纖細的稜線形成的區塊，這種結構會造成虹彩，映出蜜蜂特別敏感的藍色和紫外線光暈，但是我們人類只能在栽培品種顏色最深的地方察覺到些微光澤。

　　鬱金香的名字來源於波斯語中的「纏頭巾」，其形狀肖似鬱金香花苞。在土耳其詩歌中，鬱金香象徵女性的美麗、完美和天堂；有尖端的花瓣是藝術、建築、伊斯蘭瓷磚中常見的圖形。

　　鬱金香在十六世紀後期進入荷蘭，植物育種者著手創造出華麗的雜交種，其中一些感染了病毒的植株花瓣能形成繁複的條紋。由於荷蘭富商們意圖創造投資機會，稀有性和公共利益便結合起來導致「鬱金香熱」；鬱金香鱗莖以荒謬的價格轉手。到了一六三七年，這股風險和貪婪組成的投機狂熱終於像泡沫般破滅，並成爲如今每個念經濟的學生都知道的教材。

　　今日的鬱金香栽培仍以荷蘭爲中心。集約化耕種方式在土地上標畫出美麗的色塊，卻是種植者也毫不手軟地施以農用化學物質，使意欲飽餐一頓的昆蟲和眞菌類退避三舍。

德國

蛇麻
Humulus lupulus

　　蛇麻的英文通名來自於盎格魯撒克遜語中的「*hoppen*」，意為「攀爬」，而聽來頗具愉快詩意的拉丁文名則出自它對「*humus*」（腐植質）——肥沃土壤——的偏愛及其猖狂蔓生的天性：「*lupulus*」意思是「小狼」。蛇麻是多年生植物，於冬季枯萎，生長力旺盛，可以在一個夏天裡就長到十五公尺高（五十英尺），能蓋過樹籬、纏繞在樹枝上尋求支撐，並且隨著葉片成熟，神奇地改變葉片形狀。

　　至少從羅馬時期起，人們就已經知道食用類似蘆筍的蛇麻嫩苗。但是如同大麻（兩者的關聯非常密切），雌性植株的頭狀花序特別有價值。這些「錐體」含有能分泌各種香精油的腺體，包括有力的殺菌劑；早期修道院的花園會將其採集入藥。一七八〇年代，受精神問題所苦的英國國王喬治三世沒做錯，他使用蛇麻助眠並舒緩糾結的神經。近來的研究支持以蛇麻作為安眠藥的做法，還能緩解焦慮和抑鬱症狀。

　　中世紀時，淡麥酒是釀自於發芽大麥，略帶甜味和輕度發酵的飲料，曾在北歐的日常飲食中佔有重要角色，但不能久放。透過在淡麥酒中添加蛇麻，僧侶們創造出口感既清新又複雜，而且帶苦味的新式麥酒，同時蛇麻還能扮演防腐劑角色。這種新商品「啤酒」可以交易，修道院就成了有利可圖的啤酒廠。到了十五世紀，啤酒在整個歐洲大陸很常見，英國也不例外。除了大麥之外（參見第三十四頁），蛇麻仍然是啤酒的基礎。

　　現在美國是蛇麻的最大生產國；德國種植的蛇麻品種產量略低，整體種植面積卻最大。自十八世紀以來，英國的農園或「蛇麻園」裡種植了成排的蛇麻，螺旋狀向上攀附於和五公尺（十六英尺）高柱子相連的繩子上。在農業機械化之前，蛇麻植株和支撐結構是由男人踩著高蹺照看，過程危險但是頗具看頭。由於採收是困難的手工活，蛇麻都種植在勞動力廉價的地區。在十九世紀和二十世紀前半期，採啤酒花是英國工人階級的夏季社交假日活動。一八三五年《便士雜誌》（*Penny Magazine*）迷人（但姿態頗高）地寫道：「採啤酒花的時節是充滿生氣和趣味的季節，最有意思的就是各色各樣前來勞動的族群。」

　　蛇麻有數十個品種，啤酒的風味和香氣取決於使用的啤酒花品種、種植

處、收穫的時間、事前處理以及添加到發酵過程的手法。幸好，有些充滿公益精神的勇士負起了繁重的品嚐和調整責任，這項差事真是艱難，但是總得有人去做。

德國
大麥
Hordeum vulgare

　　大麥是及腰高度的草，穗狀花序內有種子，外覆粗糙的芒，這種強健的穀物具有悠久的人類食用歷史。大麥是今日以色列和約旦地區最老的人工栽種穀物，於一萬多年前開始馴化。身爲想確保下一代成功繁衍的野生植物，大麥進化到只要種子一成熟，就會散落在地面。但是，這個特性使人類難以收割，因此當人們碰巧見到會將種子保留在莖上的突變植株時，便將之用於下一回耕種季節，如此重複歷經幾代，直到所有大麥植株都能緊緊抓住種子。如此一來，採集大麥變得出奇容易，但也當然意味著它如今必須依靠人類來繁殖它們。大麥、小麥和其他穀物的栽培對人類社會的影響至爲深遠，使得人類開始有定居社群，能夠合併和建設城市。

　　西元前四〇〇〇年，人們在埃及和美索不達米亞種植大麥。與小麥相比，它能夠忍受由河水，而非雨水灌漑的土壤鹹度，因此佔了很大的優勢。到了西元前一八〇〇年，它已經成爲歐亞大陸的主食。在羅馬時代，雖然小麥漸漸成爲富人的選擇，大麥仍然是地中海東部的主要食物，被煮成粥或扁麵包。羅馬的穀物和農業女神克瑞斯（Ceres）便戴著大麥束，而不是小麥；角鬥士的訓練內容包括豆類和強化體力的穀物，因此他們亦被稱爲「*hordearii*」——「大麥男」。

　　大麥只需要短短的生長季節，卻是堅毅又可靠的農作物，能夠應付乾旱和貧瘠的土壤，並且耐高緯度和高海拔。由於它含有的膳食纖維成分非同等閒，是改善膽固醇指數和調節葡萄糖的出色食物，就連將其外皮去除並拋光製成的「珍珠大麥」也有同樣功效。但是，它除了在中東和近東部分地區被加入燉菜、與水果和堅果混合煮粥，或加香料製成沙拉基底之外，可悲的大麥在人類食物品項中被低估了；它在今日的主要用途反而是動物飼料和釀造啤酒。

　　在現在的伊拉克南部，四千年前的蘇美人認爲啤酒是文明的標誌，也許是因爲人類社區必須夠穩定，才適合種植大麥，進而製造衍生品。啤酒常常出現於楔形文字紀錄中；大約西元前一八〇〇年的石板有對釀造的抒情描述，對啤酒製造女神寧卡西（Ninkasi）的讚歌。不幸的是，雖然這位古詩人大力抒發熱情：「當祢倒入過濾的啤酒，便有如底格里斯河和幼發拉底河的噴湧一般」，他

或她卻沒記下釀造配方。蘇美釀酒師可能是使用發酵的大麥麵包和水的混合物，如同今日東歐和俄羅斯地區以黑麥麵包製成的爽口低酒精飲料格瓦斯（kvass）。或者當時的大麥也與今日一樣是「發芽」過的。

　　大麥的發芽過程利用它本身的生物化學，使之可以釀造啤酒。大麥粒經過浸泡後開始發芽，釋放出酶來分解豐富的澱粉──亦即種子的能量來源──將其轉化為大麥用以生長的糖。大約一週後再加熱發芽大麥粒，停止分解過程；之後，提煉出麥芽糖和其他美味的糖分，並藉由酵母發酵。在蘇格蘭，這個釀造液體會被蒸餾成威士忌，某些國家會使用複雜的手法發酵玉米，製造出也稱為「威士忌」的酒，但是混合原料中仍須用到大麥。

　　德國人釀造啤酒，也就是釀造大麥的手法稱得上史詩等級。除了蛇麻（參見第三十二頁）、水和酵母菌外，大麥是啤酒純釀法（Reinheitsgebo，字面意義為「純度命令」）允許用來釀造啤酒的四種成分之一。該法令於一五一六年制定，禁止摻假（並且允許使用有價值的小麥烤麵包），這個規定固然使德國啤酒具有無可否認的高品質，但也暴露出完美一致性以及來自多樣性的驚喜樂趣之間常有的緊繃關係。

亞麻
Linum usitatissimum

　　亞麻花是春天天空的深綠松石色，並且異常精緻——微風拂過時往往就會落下一兩片花瓣——但植株其餘部分出人意料地頑健，並且以能織成亞麻的纖維著稱。它的圓形果實是有內部隔間的蒴果，就像小燈籠，裡面有扁平富光澤的棕色種子，可產出有價值的油。俄羅斯和加拿大是目前最重要的種植國，但是亞麻在瑞典至少已經有兩千五百年的持續栽培歷史了，它存在於瑞典的自然和文化景觀中，民間傳統經常將其與女性的生育能力聯繫在一起。

　　亞麻的莖高可及腰，從上延續到下的韌皮部是長而難消化的纖維，可以阻止食草動物。在現在的瑞士大約五千年前時，亞麻纖維曾被紡成密度高達每公釐六十條線（每英寸一百五十條線）的織品；古埃及將它用於神職人員的衣服並包裹木乃伊，品質可以與現代布料相媲美。

　　到十七世紀初，歐洲國家中有六分之一農業人口從事亞麻生產，並且直到二十世紀初都仍是最重要的植物纖維。其纖維在濡濕之後仍能保持強度——在船隻互相拚鬥和商用飛剪船著重敏捷與速度的時代，這是纖維的重要特性。當時的船隻通常會鼓起「亞麻之翼」：以亞麻繩固定的亞麻帆高速航過洋面。

　　如今，亞麻因耐用、有光澤的紡織品而聞名，常用於華麗的桌布和涼爽的夏季服裝。雖然它易生褶皺又沒有彈性，需要定期熨燙，但仍比正式布料來得更有頹廢的別緻感。亞麻布的光澤對於手工麵包師來說也是一個優勢，他們使用鋪布（couche），也就是撒上麵粉的亞麻布，在最後發麵過程中作為麵團的不沾包布。

　　亞麻籽可製成重要的油，暴露在空氣中後會氧化變成固體層，數個世代的畫家因為這個特性將其作為色料的媒介。雖說乾燥畫布上溫暖的亞麻籽油氣味能立刻令人愉悅地聯想到畫家的工作室，卻能帶來驚人的危害。它在氧化時會產生熱量，而且溫度越高，反應過程進行得越快。我們已經知道，將沾了亞麻籽油的布揉成一團能聚集足夠的熱量，導致自燃。

一八六○年代，經過氧化的亞麻籽油與樹脂、顏料、軟木塞碎片混合之後製成油氈。這種油氈既便宜又有俏皮的斑塊，而且易於清洗，在二十世紀上半葉成為家庭主婦的廚房地板鋪材首選。眾所周知，這種「利諾」lino 板材也是一種藝術形式；它的表面可以很容易地雕刻或壓凹出設計，上墨之後用於印成「麻膠版畫」。

　　「亞麻」的英文通名（flax）來自條頓語的「打褶」或者是「剝皮」，意指本植物的用途及處理方式。這種植物確實如同它的拉丁名「*usitatissimum*」，表示「最有用」。但是其屬名「*Linum*」最初來自古希臘文的「*linon*」，字根乍看之下毫無關係，其實在植物學上都有有趣的關聯性。當然，亞麻（linen）、亞麻籽（linseed）和油氈（linoleum）都是順理成章的字，但誰會想到線「line」這個字是來自一條被拉緊之後形成筆直邊緣的線，並且是兩點之間最短的距離？同時，覆蓋住下方較粗材料的光滑亞麻織物稱為「襯裡」（lining）；奢華的亞麻衣物可保護敏感的皮膚，免於被羊毛布料刮擦，「內衣」（lingerie）一詞就此快樂地誕生。

愛沙尼亞

蒲公英
Taraxacum officinale

　　也許蒲公英太常見了，以至於我們無心好好欣賞它。它的頭狀花序由數十朵濃黃色小花組成，零星撒落甚至鋪滿溫帶地區開闊的田野和草地邊緣，也點綴了花園的單一綠色草坪。蒲公英通常被視爲雜草，非常容易傳播。有些蒲公英是以傳統方式繁殖，尤其是在歐洲南部，花朵開放之後經由昆蟲授粉，甚至會用花瓣上的紫外線圖紋召喚牠們。但是，蒲公英也能透過單性生殖過程產生具繁殖力的無性種子，不須經過花粉傳播者就能複製自己。

　　蒲公英的種子頭是羽毛狀的白色球體，大小像高爾夫球──形態短暫、纖細、美得吸引人。每個球體都包含幾十顆緊附在種子頭上的種子，由一頂小小的陽傘支撐；這頂陽傘叫做「冠毛」，柔軟而且毛茸茸的，有如迷你煙囪刷。這些小陽傘能幫助種子在微風中飄行，人們直到最近才了解這種飄行方式。種子向下墜時，每根冠毛上方都有旋轉的空氣形成的圓環，像是水平的煙圈（當然，並不是眞的有煙），大幅減緩種子落下的速度。爲了形成渦流，微小細毛的數量──永遠在九十到一一〇根之間──和細毛之間的間距必須恰到好處。正是這種進化上的奇蹟，衍生出對飛行中的蒲公英種子許願的傳統。

　　蒲公英的根莖，尤其是根，含有黏性的白色乳膠，具有凝結性，可以密封傷口避免感染。蒲公英乳膠和橡膠樹的乳膠非常類似，有一種俄羅斯蒲公英（*Taraxacum kok-saghyz*）是哈薩克斯坦原生種，乳膠產量特別高。俄國人在一九三〇年代於東歐種植了六七〇平方公里（二六〇平方英里）的蒲公英，成功生產出橡膠。第二次世界大戰後，隨著遠東的橡膠供應再度穩定，蒲公英橡膠相對變得不經濟。然而，最近隨著熱帶森林受到的壓力越來越大，歐洲和美國又開始認眞研究如何育種高產量的俄羅斯蒲公英；此外，蒲公英橡膠輪胎也已經出現在市場上了。

　　在十九世紀的法國，用普通蒲公英細長的鋸齒狀葉片做成的沙拉很受歡迎，部分原因是它們輕度利尿的作用，因此法國人賦予它迷人的名字「*pissenlit*」（尿床）。今日法國人仍將其作爲沙拉蔬菜，以根製成「咖啡」，以及用花朵做成果凍（*cramaillotte*）。然而，愛沙尼亞是最打心底重視蒲公英的國家；在那裡，它是當地民俗和傳統的一部分，而且還順理成章舉行蒲公英節。

孩子們喜歡蒲公英，因為它們對稱的種子球錯綜複雜；孩子們也因為計算需要吹幾次才能吹落所有的種子而感到簡單的興奮。也許我們其他人可以再看看蒲公英，領悟到它們的意義比雜草還深遠。

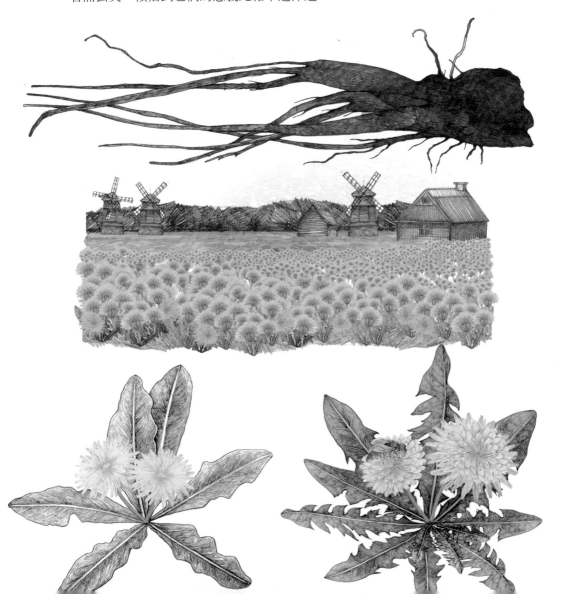

西班牙

番紅花
Crocus sativus

　　番紅花熱愛陽光。植株大約有八十種，長到腳踝高度，將令人雀躍的豔麗顏色從摩洛哥一路潑灑到中國西部，但集中在土耳其和巴爾幹半島。儘管如今伊朗是番紅花的主要來源，但西班牙仍保留了最高品質的聲譽。自九世紀時摩爾人將其引進西班牙以來，這種香料便持續在當地種植；它的英文通名來自阿拉伯語的「*zaffaran*」，意思是黃色。番紅花的花瓣是淡紫色，與之形成鮮明對比的是色黃如落日、負責生產花粉的雄蕊，特別是酒紅色的柱頭，已經進化到能沾黏來自其他植株的花粉。被稱為番紅花的正是這些柱頭。但是，所有這些性器官都是多餘的。幾千年前，一場幸運的植物聯姻帶給世界番紅花，但同時又創造了遺傳異常，使番紅花不具繁殖能力。沒有可用的種子，它們的生存仰賴於世世代代農民為其分株和重新種植球莖。番紅花用球莖儲存養分度過艱難時期。

　　西元前一六○○年左右的邁諾斯壁畫描繪了受過訓練的猴子採收番紅花的情景——雖然這可能是畫家一廂情願的想法，因為畫家知道人類在寒冷天氣裡跪著或彎腰採收的辛苦。實際上，番紅花至今仍然是手工採收的。它們只在秋天開花兩個星期，為了獲得最好的香氣，每朵花在開始綻放後的幾個小時內就會被採摘。番紅花並不大，而且柱頭部分很小，這就是為何番紅花是世界上最昂貴的香料了。要獲得一公斤番紅花，就必須採收十五萬朵鮮花。柱頭是用手掐下來的，這是另一項煩悶的重複性工作，但是工作狀態至少相對舒適，可以坐在大桌旁邊聊天邊做事。

　　最後，柱頭被乾燥。溫和的熱度和植物自身的酶能分解番紅花素，番紅花用來抵禦鑽洞昆蟲的苦味化學物質，並將其變成番紅花醛，賦予番紅花獨特的香氣。人們常將番紅花的香氣比喻為乾草，卻不盡確實。番紅花是漫長而炎熱的夏天，在乾燥的草地上打個盹，還有溫和的雨水落在溫暖乾草上的濕潤香氣。在香氣底下，還徘徊著某種更有穿透力、帶著麝香味、更誘人的氣味。有鑑於它的成本，幸運的是，只要一點番紅花就能發揮很大的功效；它的味道很容易喧賓奪主，讓人反感，甚至帶有金屬味。

　　番紅花在早期主要用於治療發炎、氣喘和白內障、刺激流產，甚至擺脫宿

醉。愛用者包括亞歷山大大帝（Alexander the Great），相信番紅花能治癒他在戰爭中得到的傷口，羅馬皇帝尼祿（Nero）下令在他參觀大廳和劇院之前，地面必須遍撒番紅花。

番紅花還被用來提高慾望。埃及豔后將其加入洗澡水裡，因其顏色和美容的益處，而且有可能使她的幽會更成功。根據《阿拉伯之夜》，番紅花能使女性心醉神迷。雖然最近對番紅花催情效果的研究（在老鼠身上）顯示，可能值得開始進行人體測試；但我們仍得記住，幾乎所有我們堅信是愛情春藥的東西都可能透過心理暗示造成效果，尤其是在那東西價值連城的情況之下。

十四世紀的歐洲盛傳番紅花能夠預防和治療淋巴腺鼠疫，使得它原本就很昂貴的價格迅速飆升，海盜和騙子趁機介入。旅行商人遭到伏擊，地中海的威尼斯和熱那亞的貨船也被洗劫。製造假番紅花的吸引力令人難以抗拒。造假者會被罰款、監禁，在德國甚至會被處決。

一四七〇年代期間，教皇圖書管理員普拉蒂納（Platina）發表了有史以來第一本活字印刷的食譜書。書中有一道誘人的番紅花湯，使用三十個蛋黃、肉桂、小牛肉汁和未成熟的葡萄。口味是會改變的；今日，番紅花這種奢華的關鍵用料會用於法式海鮮湯和西班牙海鮮飯、豪華的冰淇淋和如絲般柔滑的瑞典麵包；而簡單地在熱牛奶和蜂蜜中加一點番紅花，可讓任何寒冷的夜晚泛起金色的光芒。

西班牙

番茄
Solanum lycopersicum

　　番茄是茄科植物的一種：茄科植物以其化學防禦能力聞名。其中許多植物，例如顛茄和菸草都有毒，甚至連我們食用的也至少有部分具毒性，包括馬鈴薯（請參閱第一五〇頁）。至於番茄，無論其葉片散發的濃郁香氣如何誘人，都有相當程度的生物鹼，最好避免食用。

　　番茄的花朵是雀躍的黃色，形狀像巫師的帽子，與蜜蜂之間的關係非比尋常。花藥融合成細管狀，必須搖晃才能使花粉自細管尖端的隙縫釋放出來。雖然番茄的花藥會向微風中釋放部分花粉，它們對振動的反應卻特別好，並已經演化到與大黃蜂或木匠蜜蜂的嗡嗡聲共鳴；這些蜜蜂會用身體緊緊抓住花朵，伸縮翅膀的肌肉發出振動。昆蟲拍打翅膀的速率很重要：當大黃蜂抓住一朵花時，翅膀會拍打出中央 C 的嗡嗡聲，剛好能震落花粉，而且音調明顯高於飛行時單調的翅膀拍動聲。至於蜜蜂並不會這麼做——牠們壓根不會拍打出正確的音符。這個過程有個富有想像力的名字「嗡嗡授粉」，絕大多數的商業溫室都採用人工飼養的大黃蜂執行這項服務。

　　馴化的番茄植株形態有兩種，小型灌木叢或者若有支撐，蔓生的藤通常可以超過頭頂高度。關於那顆圓形紅色東西到底該定義為水果還是蔬菜，眾說紛紜。我們吃的番茄有一層薄薄的表皮、外果壁、中心髓和由稀果凍狀物質（兒童最討厭就是這個部分）包裹的種子團。從植物上來說，特別是如果要刻意講究的話，那些種子能將番茄定義為水果——尤其是漿果，因為它們包含數顆種子，如同藍莓和葡萄。另一方面說來，它們缺乏我們期望的水果甜度，反而有明顯的鮮味，尤其是在煮熟之後。早期的食譜書試圖同時兼顧：加了鮮奶油和糖的番茄或是番茄酒，有人想嚐嚐嗎？一八九三年，美國最高法院（還不是較低階的法院呢）裁定番茄是蔬菜，應該課進口關稅，但是最高法院也落落大方地承認這是出於財政上的，而不是科學上的決定。

　　番茄的起源有點曖昧不明。最早很有可能是南美洲西北沿岸，散漫生長於藤蔓上，豌豆大小的野生漿果被培育成小櫻桃番茄之類的植物。然後也許被鳥類或航海商人散播到中美洲，又被馴化成更大的果實，雖然變得比較扁又多了溝紋，它的多肉程度卻足以讓馬雅人稱其為「*tomatl*」——圓鼓的東西。埃爾南·

科爾特斯（Hernán Cortés）及其殖民遠征隊隊員於一五一九年到達墨西哥時，當時的文獻已經記錄了不同種類、形狀和顏色的番茄，並已培育了數百年之久。

納瓦特爾語「*tomatl*」在西班牙文中被簡單改變成「*tomate*」。但是在義大利文中，任何從海外引進的東西都是「摩爾的」（Moorish），隨著番茄的種植越來越廣，便獲得了綽號「摩爾水果」（*pomo di moro*）。在法語中，番茄快樂地變成「*pommes d'amour*」，也就是英語的「愛情蘋果」，這個綽號在英國直到十九世紀中葉都還眾所周知。（現代義大利文的番茄是「*pomodoro*」，「*pomo di moro*」的簡稱，而不是「金蘋果」（*pomo-d'oro*），雖然早期的番茄通常確實是黃色的。）

漸漸地，番茄遍布歐洲。十六世紀中葉，義大利博物學家兼醫生皮特羅·馬蒂奧利（Pietro Mattioli）建議用鹽和胡椒烹調番茄，但他也認為它們是一種毒茄蔘（另一種茄屬植物；見第五十頁），具毒性，並有令人恐懼的超自然聯繫。遺憾的是，英國人約翰·傑拉德（John Gerard）在一五九七年的著作《草本植物》（*Herball*）中臣服於心中的狐疑：雖然他知道義大利人和西班牙人吃了番茄之後毫髮無傷，卻說番茄有毒，「吃起來有腐臭味」。這項汙衊流傳之廣，導致英國人對番茄敬而遠之兩百多年；一直到十九世紀初，英國人種植番茄的原因純粹是出於好奇和它奇特的美。

相反地，番茄在美國一剛開始是因爲對健康的狂熱，而出現了競爭激烈的番茄萬靈丹，然後在一八三○年間，名人代言和搶眼的報紙社論結合在一起，番茄因此被視爲是健康、美味、時髦的食物。 一八四五年的《草原農夫》（*Prairie Farmer*）雜誌甚至推薦了番茄酒，文字快活但含糊地暗示它「特別建議用於肝臟疾病」。

番茄的育種和栽培在十九世紀末期蓬勃發展，自那時起已經重新培育出數千個栽培種。野生和「祖傳」番茄可能是任何顏色，從有如貧血的黃色到最深的紫色，從鷹嘴豆到拳頭大小的尺寸不一而足，它們的外形也許不一致或有缺陷，卻堪稱多樣性和風味的慶典。它們也是性狀的寶貴遺傳資源，比如抗蟲性和耐性，以及潛在的絕佳風味（但願這一點是優先條件）。大量生產的番茄已經變成高產量、可機械採收、對稱完美……而且往往平淡得嚇人，或只有毫無深度的甜味。

無論哪種品種，有足夠時間在植株的藤上充分成熟的番茄風味最佳，但是如此一來，番茄就必須捱過粗魯的處理過程和長途配送，所以人們通常是在還堅硬的綠番茄時期採收，之後再用乙烯氣體人工催熟——乙烯氣體是植株作爲成熟激素的天然化學物質（請參見「澳洲聖誕樹」，第一二九頁）——但在這種情況下的乙烯氣體來自石油工業。人類出於誘發或延後成熟的需要，發展出很多實驗，進而有了一項非凡的發現：番茄花並非植株唯一對振動有反應的部分。研究人員最近發現，如果他們對採收後的番茄播放很大的聲響（這次是持續六個小時的高音 C），成熟會延遲多達六天。令人震驚的是，振動似乎影響了水果自行製造成熟所需的乙烯方式。

自從番茄被引入歐洲後，西班牙打從心底擁抱它們。國民早餐「*pan con tomate*」是先用大蒜塗抹麵包，再淋上刺喉的綠色橄欖油，表面堆上切碎的本地番茄，美味無比。番茄最風光的時段是夏季舉辦的番茄節（La Tomatina），自一九四五年以來在瓦倫西亞附近的布尼奧爾（Buñol）舉行。這是非常西班牙式的娛樂活動。卡車將幾千噸過度成熟的番茄果肉傾倒在中央廣場上，兩支隊伍（我在此將「隊伍」的定義放寬很多）向敵方投擲番茄，進行一場肢體的、甚至可說極其肉慾的猩紅色群體狂歡。看到這麼多番茄，很難不聯想到中美洲的殖民者們和鮮血。

西班牙（以及美國、英格蘭和巴西）

白星海芋（歐海芋、花葉萬年青和羽製蔓綠絨）

Helicodiceros muscivorus et al.

天南星科植物在大多數時候很奇怪，有時令人反感甚至厭惡，一點都不平淡。我們能從它們的花序辨識出來──複雜的花卉結構，具有特別進化而成的單片葉片，或稱佛焰苞，遮住中央的肉穗花序。肉穗花序由許多單獨的小花覆蓋，通常可以發熱幫助散發氣味；有些氣味香甜，其他則令人退避三舍。

白星海芋是生長在科西嘉島、薩丁尼亞島和一些較小的地中海島嶼沿岸花崗岩縫隙間的低矮植物，它有看似無害，呈斑駁綠色的佛焰苞，打開之後卻露出有如噩夢的內在。它倚賴對其繁衍力具決定性的麗蠅授粉，並已經演化為也許是全世界最噁心的植物。忠於其迷人的英文通名（死馬海芋），它堅決將自己以腐肉形式呈現，或許比大王花還難聞（第一二四頁）。它的惡臭是壓倒性的；氣勢洶洶、粉刺般的斑塊覆在粉紅肉色的肉穗花序表面，模擬已經有蒼蠅在進食的腐爛肉塊，讓人不安的毛茸表面引導來客造訪大餐中的主菜。在看似動物尾巴的部位底部，溫暖的肉穗花序形成一座潮濕陰暗的蒼蠅天堂，逼真得就像腐爛動物屍體毛茸茸的肛門。有些蒼蠅會暫停覓食在此處產卵，不過孵化出來的蛆會因為缺乏食物而餓死；否則蒼蠅會繼續前進到腔室中，在那裡被一圈水平的花絲困住。接下來幾天之內，雌花會藉由麗蠅帶來的任何花粉受孕，雄花在麗蠅身上撒下新一波花粉之後，將其釋放。雖然白星海芋會引誘麗蠅，卻也能阻止其他可能對它造成傷害的大型哺乳動物；因為動物們像我們一樣避免食用腐肉。然而，愛啄食的巴里利亞壁蜥會在溫暖的肉穗花序上等待，懶散地攫下一些被植株引誘過來的麗蠅，並且會在稍後還債：食用並散播白星海芋的種子。

歐海芋（*Arum maculatum*）的基本結構與白星海芋相同，但絕對比後者容易讓人接受；這種常見到小腿高度的植物生長在北歐溫暖地區，對人類的鼻子來說毫無氣味。它的英文通名「cuckoo pint」，意指瘋狂的小矮個，是一百多個描述同樣主題的詞彙之一，來自盎格魯撒克遜語，意思是「生氣勃勃的……呃……男性的某個附屬肢」；而且名符其實，它的佛焰苞有如綠色的斗篷，稍微包裹住栗色的肉穗花序，溫暖而挺立，吸引負責授粉的蚊子，迫使牠在花序上過夜。夏末時，鳥類會被歐海芋堅固花序上亮眼的橘紅色種子吸引。這種植

物的絕大部分對我們有毒，但富有澱粉的塊莖在從前曾被烘烤磨粉之後出售，名為「波特蘭西谷米」，命名淵源為十九世紀時生產這種粉的英格蘭西南部多塞特郡，當時用它來替袖口和衣領上漿，以及牛奶布丁的增稠劑。

花葉萬年青（*Dieffenbachia*）原產於潮濕的熱帶美洲，顯眼的雜色葉子使其成為受歡迎的室內盆栽植物，其實卻是危險的室友。它除了有自衛毒素和刺激性物質之外，植株裡特殊加壓的細胞中還有針晶體──微小的針狀晶體。如果它的莖被咬了，成群的針晶體就會射入動物嘴巴內膜，加速毒物傳導，引起立即的劇痛。可怕的是，北美洲的奴隸時期以其作為懲罰和酷刑。腫脹的喉嚨和舌頭能夠阻止受刑者說話，所以這種植物在美國仍被廣泛稱為「啞巴藤條」。

在南美森林中，羽裂蔓綠絨（*Philodendron bipinnatifidum*）之於歐海芋，就如同老虎之於貓。它的外形散亂而不整齊，直立時能超過頭部高度，扭轉的莖上有眼狀斑紋。漩渦狀的綠色佛焰苞遮住樣貌高傲的肉穗花序，後者約有前臂長度，覆蓋著成千上萬的奶油色小花。令人難以置信的是，肉穗花序在黃昏時會加熱到大約攝氏四十度（華氏一〇四度），並保持此溫度約半小時，就算周圍的空氣下降到攝氏五度（華氏四十度）時也保持恆溫。這是所有植物中最令人驚異的發熱功能，並且不是使用普通的澱粉或糖，而是和動物一樣消耗脂肪提供動力。以重量相較，羽裂蔓綠絨的小花等同於蜂鳥的快速新陳代謝，換句話說，在涼爽的夜晚裡，一根正在發揮作用的花序，其輸出功率等於一頭小狗。羽裂蔓綠絨是暮色中的燈塔，散發著香草、黑胡椒、少許樟腦混合而成的辛辣香氣──令在空中飛行的甲蟲人難以抗拒。甲蟲一旦進入羽裂蔓綠絨的接待大廳就毫無選擇餘地，只能接受植株開門見山的招待，並在此過夜。牠們在溫暖的環境裡熱情地交歡，大啖抖擻精神的植株分泌物，同時獲得一身黏兮兮的樹脂，準備好在隔天早上出門時接收一陣花粉洗禮。說到藉著搗蛋來左右別人，天南星家族真可說是真正的箇中高手。

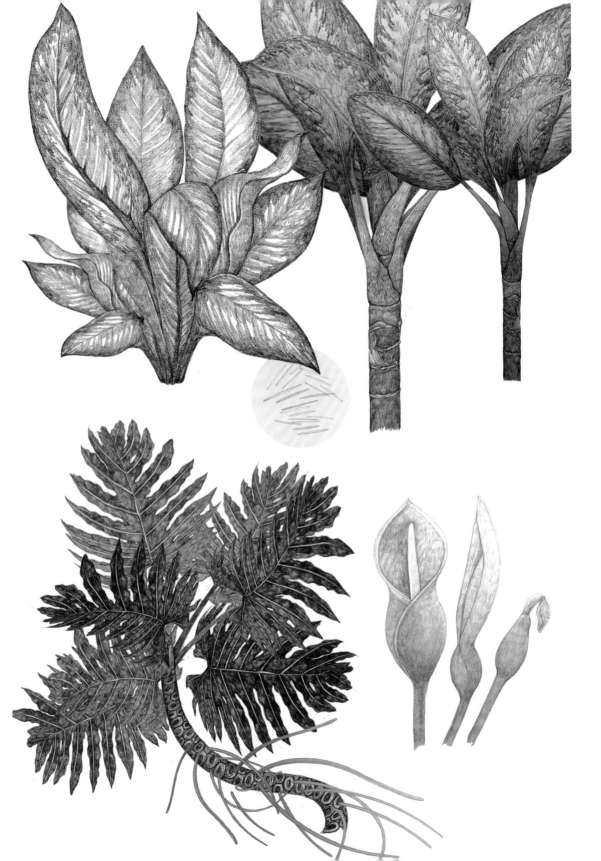

義大利

毒茄蔘
Mandragora officinarum

　　人們往往誤解毒茄蔘純屬神話中的植物，其實它再真實也不過了，而且許多包圍著它的古怪迷信確實有些科學根據。

　　原產於乾燥的地中海南部和近東，毒茄蔘是不好惹的茄科家族一員，該家族包括顛茄和一點也不無辜的馬鈴薯（請參閱第一五〇頁）。鐘形、暗薰衣草色的誘人花朵，安穩地坐落於深色、類似萵苣的葉子基部；葉片在地上形成扁平的蓮座叢。毒茄蔘果實具有光澤，圓形，核桃大小，成熟時形成混亂的團塊，顏色從綠色至深金色都有，具有短暫但令人不安的麝香味。由於其獨特的氣味，毒茄蔘在聖經裡有了催情藥的名號：它出現在情興洋溢的《雅歌》中；《創世記》裡沒有孩子的拉結則為了贏回丈夫雅各的感情，要求得到姊姊的毒茄蔘。

　　隨意嚼食毒茄蔘並非明智之舉。此植物的所有部分，但特別是根部，都含有莨菪生物鹼，這個物質家族包括強效藥物和毒藥；毒茄蔘中的莨菪生物鹼混合物可以麻木疼痛感並且助眠，但也會引起幻覺、精神錯亂，並可能導致昏迷和死亡。它的麻醉作用在古時候廣為人知，迦太基將軍漢尼拔（Hannibal）狡猾地留下摻入毒茄蔘的葡萄酒作為戰爭武器；年輕的尤利烏斯·凱撒（Julius Caesar）也以類似手法逃出海盜魔掌；「麻醉」一詞的首次紀錄出現在西元六〇年，當時希臘醫師迪奧斯科里德斯描述了手術期間使用毒茄蔘的方法。

　　毒茄蔘分叉的根看起來肖似人形，令人不安（特別是在經過仔細切削，添加了小米作為眼睛之後），並且可以導致瘋癲這種被人們與惡靈連結起來的狀態，成為明顯的超自然現象。在古典希臘時期，毒茄蔘具有神話般的力量；具有迷惑力的魔法女神喀耳刻（Circe）就用它引誘尤里西斯的同伴。希臘博物學家泰奧佛拉斯托斯（Theophrastus）大約在西元前三〇〇年時就知道毒茄蔘的根是有效的藥方，與神祕和性慾有關聯。他寫下的採收方法非常具巴洛克風格：「持劍在它的周圍畫三個圓圈，接著持劍者面朝西，砍下它……同時邊跳舞邊唱誦愛的奧祕。」

　　在西元四世紀或五世紀，植物學家偽阿普列尤斯（Pseudo-Apuleius）既急迫又詭異地描述毒茄蔘在黑暗中發亮的現象（也許是它的氣味吸引了螢火蟲，

並且爲了避免將它自地裡拔起時附身在植株上的惡魔發出厲聲尖叫，他建議只能令拴在植株莖上的狗將其連根拔起。這種迷信可能也因爲毒茄蔘被濫用爲麻醉劑而變本加厲。西元第九和十世紀的紀錄描述了用毒茄蔘、鐵杉、鴉片和其他草藥做成的「催眠海綿」，將其置於被麻醉者鼻子下方。現代實驗顯示，純粹以吸入方式嘗試止痛是毫無效益的，因此駭人的病人尖叫可能就此與毒茄蔘緊密相連在一起。之所以會盛傳惡魔的故事、毒茄蔘從絞死的男人精液中發芽之類風格獨具的迷信，有可能是因爲當時毒茄蔘已是極有價值的商品，有了這些傳說就可以防止盜竊。義大利文中稱爲「*mandragora*」的毒茄蔘在泛歐地區的大量交易遠遠超出了藥物。人們將植株的根當作護身符佩戴來避免不幸，甚至遺贈給後代，但若是交到錯誤的人手上就會成爲惡魔的工具。在一四三一年的法國，人們指控聖女貞德爲異端，聲稱她擁有當時被廣泛視爲女巫工具的毒茄蔘根。

十四和十五世紀的記載描述了女巫將毒茄蔘和其他能夠左右精神的植物搗碎，混入油脂之後製成藥膏。這種藥膏能透過皮膚，尤其是身體的黏膜組織，加速吸收毒茄蔘中的迷幻物質之一東莨菪鹼，此物質能令人產生逼真的飛行感，或許解釋了爲何許多中世紀木刻都描繪裸體或只著部分衣物的女巫跨著掃帚在空中飛翔，這個概念一路延續到今日。到了十九世紀中葉，雖然以毒茄蔘作爲麻醉劑的做法因爲乙醚和氯仿的出現而告終，其他古老的連結卻仍然繼續存在。一九三○年代，首批漫畫書之一裡有位超級英雄魔術師曼德雷（Mandrake the Magician）；一九六○年代一種鎮靜劑的名字叫做「Mandrax」（台灣稱安眠酮或白板），與男女雜交有所牽扯。如今，市面上至少有一款香水使用「mandragora」這個名詞，如魔咒般在消費者腦中喚起放縱和誘惑的因子，正如它幾千年以來的作用。

義大利

蓖麻籽或蓖麻植物
Ricinus communis

　　蓖麻「豆」（或蓖麻籽）在整個熱帶地區都很普遍，可以長成一棵小樹。它來自非洲之角，由喜愛收集異國植物以裝飾別墅的羅馬人帶到義大利。在溫帶氣候下，它是高大健壯的灌木，受到青睞的原因在於它能賦予公家機關建築物花壇美觀的綠化結構，葉片又大得令人印象深刻，富有光澤，顏色依照品種不同，從草綠到茄紫不一而足。它靠著風力授粉，花朵不需要豔麗的花瓣吸引昆蟲或其他仲介，但有趣的果實能引起人的好奇心。每顆多刺的蒴果在成熟時會成為珊瑚和朱紅色，隨後會爆炸，彈出三顆閃亮的種子；種子以錯綜複雜的紋路作為保護色，防止齧齒動物食用。

　　蓖麻在其原生地已經與螞蟻進化出彼此依賴的關係。種子（一公分／〇・五英寸長）的一端有一個小結節，是富含脂肪和脂肪蛋白質的油質體。成群的螞蟻將種子帶到巢中之後用油性部分餵養幼蟲，然後將仍有繁殖能力的種子棄置於螞蟻窩附近的廢棄物堆上。幼苗被如此大費周章地種在營養的肥料堆上，具有立即的生長優勢，而這種由螞蟻散布的種子還有個響亮的專有名詞：「螞蟻傳播」（myrmecochory）。

　　由於身為大戟科的成員——該科之中許多植物含有毒素和腐蝕性化學物質——蓖麻籽含有蓖麻毒素，世界上最致命的毒藥之一，血液裡只要有千分之一克的一半分量就足以致死。一九七八年，在倫敦的保加利亞記者及異議人士喬治・馬可夫（Georgi Markov）於滑鐵盧橋遭到謀殺時，就是被人以改裝後的雨傘透過針頭，將大頭針尖大小的蓖麻毒素膠囊注射進他的腿部。

　　蓖麻籽也是蓖麻油的來源，因此會基於商業用途種植，主要都在印度北部。幸好蓖麻毒無法在提煉過程殘留，所以蓖麻油在醫學上的使用歷史已有四千年了，尤其是作為可靠的瀉藥。它的鼎盛時期是十九世紀，當時的廣告令憂心的父母們更有信心持續傳統，愛憐地餵便祕的孩子一或兩茶匙蓖麻油。蓖麻油質地黏稠，有口紅的味道以及一絲令人反胃的肥皂和凡士林氣味，有時也用作懲罰之用，難怪現在已經不流行了。

　　在近代，蓖麻油被用於更邪惡的用途：一九二〇和一九三〇年代，墨索里尼的法西斯主義手下強迫政敵們喝下蓖麻油，使它成了羞辱對手甚至能致命的

酷刑工具。這種植物在許多國家中會令老一輩人回想起父母致力養育下一代的
美好記憶，但在義大利卻成了毒藥及痛苦的代名詞，義大利文中的「*usare
lo'lio di ricino*」,「使用蓖麻油」，仍然表示「脅迫或虐待」。

義大利
朝鮮薊
Cynara cardunculus

朝鮮薊並不存在於野外。它可能是在中世紀時培育自一種壯觀的薊屬植物刺苞菜薊；人類自古以來就已經知道食用其莖。它奇特的英文通名「artichoke」源自將其帶進歐洲的交易商使用的阿拉伯語。同時，它的學名廣泛地——但也不準確地——與不存在的希臘神話發生關聯，該神話描述女神奇娜拉（Cynara）由於某些微不足道的小錯，被宙斯懲罰變成蔬菜。

一九四八年，加州的卡斯特羅城（Castroville）任命剛嶄露頭角，才開始使用藝名瑪麗蓮‧夢露（Marilyn Monroe）的女演員諾瑪‧珍‧莫藤森（Norma Jeane Mortenson），為首位加州榮譽朝鮮薊皇后。她的職責相當輕鬆，包括會見種植者，但主要是披上綵帶拍照。斯特羅城積極推廣朝鮮薊，如今除了舉辦朝鮮薊節之外，還有（請你坐穩了）世界上最大的水泥朝鮮薊。這座小城打造了現代的神話，自稱為「世界的朝鮮薊中心」，雖然義大利的產量是全美國的八倍。

朝鮮薊植株富有肉質，莖幹粗壯，可長到頭部高度，藍綠色的葉子有很深的裂緣。頭狀花序外緣是革質苞葉，這種特別演化的葉子可以保護在內部發育的花朵。儘管人們很少讓植株開花，但一旦開放之後卻能成為耀眼的拳頭大小藍紫色花朵，香氣甜美，花期持久。仔細觀察，你會發現花狀花序是由數百朵閃爍的小花組成。

將整朵頭狀花序浸入水中能夠析出酶，用來凝結溫牛奶。使用這種方法製成的傳統西班牙和義大利乳酪具有柔軟的奶油質地和宜人的微妙苦味，特別適合希望避免凝乳酶（採自小牛胃的凝結物質）的人。

大多數朝鮮薊的花在開放之前就已經被吃掉了。確實，將朝鮮薊心烤到略呈橙色時最美味，但若將整朵花隔水蒸熟之後，以苞葉沾取融化的奶油讓眾人分食，將是更具有社交作用、既吸引人卻又雜亂的美食。苞片食盡之後會揭露花朵中央的祕密：柔軟的朝鮮薊心能使人們覺得世界更美好了；朝鮮薊不尋常的化學成分能迷惑舌頭，就連白開水嚐起來也甜美。

希臘

桃金孃
Myrtus communis

　　桃金孃是灌木或小樹，有光亮的革質葉片，是典型地中海短灌木叢的一員；這個區域的夏季炎熱而乾燥，冬天多雨。顯眼的白色花朵有甜美的香氣，將大黃蜂吸引到它長而色淡的雄蕊；每根雄蕊尖端都閃爍著黃色花粉。桃金孃的漿果為藍黑色，氣味類似迷迭香、杜松和松木，被當地人用來替酒和烹飪調味，也是知更鳥、歐亞鶯和林鶯喜愛的食物。漿果中的種子經過鳥類的消化系統輕輕摩擦之後，發芽情況就會特別好，落地的同時還附上一點點肥料，幫助它們生長。

　　在希臘神話中，費特兒（Phaedra）厭倦了坐在桃金孃樹上等待馴馬的希波呂托斯（Hippolytus）歸來，用髮夾刺穿葉子打發時間。的確，將桃金孃葉片背著光線高舉細看，它的表面閃爍著細小而明亮、針尖般大的點。這些點是油腺，能製造和儲存刺激性化合物以阻止食草動物；另一個防禦機制是葉子上明顯的紅點，看起來堅硬又尖得刺人，即使它們實際上並非如此。桃金孃是該植物家族中唯一的歐洲成員，其餘成員還有西印度月桂、茶樹和多香果，皆以具有濃香的葉片聞名。用手指搓捲桃金孃葉片會立即釋放出強烈的香氣，讓人聯想到桉樹／尤加利樹（該家族的另一位成員），但是氣味更鮮明、更複雜，更近似油彩和帆布。

　　希臘人和羅馬人將常綠的桃金孃與永生、生育和永恆的愛聯繫在一起。它被奉獻給愛神阿芙蘿黛蒂和維納斯，並用於婚禮花環和慶祝凱旋的花圈。我們從蘇美人於大約四千年前撰寫的詩意故事《吉爾伽美什史詩》（*Epic of Gilgamesh*）中得知，當時的美索不達米亞將桃金孃用於祭祀儀式。千年之中，桃金孃已被幾乎所有東地中海和中東的文化納入：包括基督徒和回教、猶太教和祆教。也許這不只是純粹的巧合，而意味著這些文化有共同的根基以及彼此之間的影響。該地區人民也許比他們意識到的具有更多共同之處。

土耳其

甘草

Glycyrrhiza glabra

　　甘草是生機勃勃的灌木叢，原生於歐亞大陸和地中海東部野外，並且也在該區域被廣泛人工種植。圓錐形的淡紫色和白色花朵約有指甲大小，生著一叢一叢有刺毛的豆莢，彷如毛茸茸的棕色瓶刷。一旦豆莢開始變得稀疏，柔軟得令人驚訝的絨毛也脫落之後，就可以明顯地看出來它們和豌豆及豆子屬於一家族。淡灰棕色的根和長長的地下莖內部是黃色的，這就是甘草。它們含有茴香味的茴香腦和甘草甜素，一種比糖甜五十至一百倍的物質，甜味在口中擴散得更慢，但停留時間更長。

　　每種古老的醫學中都曾提及甘草：美索不達米亞、中國、古埃及、印度、希臘和羅馬。傳統上將其用於治療咳嗽和感冒、緩解氣喘和消化不良，並作為溫和的通便藥。在古希臘，甘草被稱為「*glykyrrhiza*」，來自「*glykys*」（甜）和「*rhiza*」（根）。對羅馬人來說，它則是「*radix dulcis*」——具有相同的字義。到了十四世紀，歐洲已經普遍種植甘草，並已成為甜味和宜人氣味的同義詞，在當時很稀少，令人嚮往。

　　傑弗里・喬叟（Geoffrey Chaucer）在他的《坎特伯里故事集》中描述一位青年「如甘草根一般甜美」；準備求愛之前「他首先咀嚼豆蔻（香料）和甘草，讓自己聞起來香甜」。

　　喬叟熟悉的甘草根，如今仍可在保健食品店購得，但今日大多數的甘草都是先經過萃取。將乾燥的根搗碎之後煮沸，使顏色產生巨大變化；將所得如墨汁般的草泥過濾之後，再次煮沸，得到的萃取物用於替菸草、口香糖、口氣芳香劑、手工啤酒及露啤（麥根沙士）等飲料增味。此萃取物通常與糖、水、明膠、麵粉混合，形成深黑色、誘人、可以塑形的糊狀，然後凝固成為黑色的甜甘草糖。

　　甘草隨著回歸的十字軍從中東抵達英國，最先是由克呂尼（Cluniac）修士在位於英格蘭北部龐特弗拉特（Pontefract）的修道院內種植的，該城並就此成為重要的甘草樞紐，透過大量進口擴大種植量。就在第二次世界大戰切斷了來自外國的供應之前，龐特弗拉特城有九千人為十幾家競爭公司製造甘草，每星期生產四百噸甘草糖。雖然目前的產量只是當年的一小部分，但仍有兩家工廠

製造懷舊的甘草糖（LiquoriceAllsorts），用不同鮮豔顏色的糖糊製成；此外還有龐特弗拉特碟糖，結實的碟形糖果富有濃郁的甘草味，能使舌頭變成悅目的黑色。甘草在斯堪的納維亞半島尤其流行，經常與一種口感強烈的鹹味化學物質氯化銨混合。這種「鹹」甘草糖的標籤註明不適合孩童，是經典的北歐黑調——既令人震驚又獨具興味。

我們在心理上已經將甘草與甜味或至少是滿足感聯繫起來，聯繫得如此密切，以至於我們難以相信它可能有害，事實上甘草甜素確非善類。若施用於外部，它可以治療灼傷，但若連續兩週每天吃少量的黑甘草糖，卻足以干擾人體的某些激素系統，引起高血壓、心律不整和肌肉無力。暴食甘草能引起抽搐和暫時失明。醫學上的共識是將一天的甘草食用量限制在小於一個雞蛋的重量，而且當然不是每天都吃，因為從體內清除的速度很慢。在芬蘭，醫生建議孕婦完全避免甘草；雖然孕婦們顯然不覺得奇怪的甜味是個問題，但規律地攝入會提高早產可能性，並且似乎也會使壓力荷爾蒙透過胎盤從母親傳給嬰兒，影響胎兒的大腦發育，並且與以後的行為障礙有關。

在喬叟之後六個世紀，傑瑞・加西亞（Jerry Garcia）談到了他的樂團《死之華》：「我們就像甘草。不是每個人都喜歡甘草，但凡是喜歡甘草的人，就是真的喜歡甘草。」說得對，需要特別留神的正是那些甘草死忠者。

以色列

枸櫞
Citrus medica

　　枸櫞是小型多刺常綠柑橘屬樹種，起源於中國，在西元前六〇〇年被帶到西方。如同橘和柚，它才是真正的主要原種柑橘植物之一，其他如柳橙和葡萄柚等植物是已經經過人工培育的。檸檬則是直到十五世紀中葉才在歐洲廣泛種植。

　　枸櫞的尺寸大小多變，從大顆檸檬到橄欖球尺寸都有，成熟時顏色從萊姆綠到金黃色，確實長得像太大的檸檬。兩者的香氣也差不多，不過它的壓倒性香氣在接觸後能殘留於皮膚上很久；切開之後與檸檬的對比卻很明顯。枸櫞的果皮粗糙堅韌，雖然並不太苦，但白色襯皮卻很厚；裡面淺黃綠色的果肉可能只是整顆果實的五分之一，充滿了種子，而且奇怪地缺乏酸味。

　　西元前三〇〇年左右，希臘哲學家泰奧佛拉斯托斯提到了枸櫞作為口氣清新劑的功效及驅除衣蛾的作用。他稱枸櫞為「波斯的蘋果」或梅蒂亞（Media）──當時對波斯地區的稱呼；此地名也是它的拉丁學名的由來，而非與醫學有任何特殊關聯。

　　兩千多年前，由於猶太人將枸櫞納入宗教傳統，它迅速在地中海沿岸傳播；如今仍然種植於摩洛哥、法國和義大利。它也廣泛種植在以色列，被稱為埃特羅格（*etrog*），並和棕櫚、桃金孃和柳樹一起用於歡樂的收穫時期住棚節（Sukkot）。為這個節慶選購外形對稱、完好無損的完美果實已成為一種社會制度，在住棚節結束之後可將枸櫞製成果醬、香丸或調味伏特加酒。其他文化也將枸櫞加入傳統儀式中。東南亞使用一種奇怪的，像是生了很多手指的品種「佛手柑」作為佛教徒的宗教奉獻或芬芳的新年禮物。

　　枸櫞最近又捲土重來了。有研究將它作為為檸檬汁的替代成分，只需要較少的糖來平衡酸度；它的果皮被添加到時髦的草本飲料中，還能以糖漬做成蛋糕配料，例如義大利的潘妮托妮甜麵包，或是裹上巧克力大大提高身價。

埃及

紙莎草
Cyperus papyrus

　　紙莎草生長在淺淺的淡水區域，可以達到壯觀的五公尺（十六英尺）長，每根細長的莖頂端有一顆由細細的、閃亮的綠色花梗爆發而成的球。這種植物的高度和植株的生長密度，使紙莎草沼澤具有大教堂般的靜謐感，低調的木質辛辣香氣更增莊嚴之氣。在衣索比亞，它的地下莖——植物用以自我繁殖，位於地表下的膨起莖幹——甚至被用作教堂薰香的成分之一。

　　最大的紙莎草地區是在非洲中部和東部，淡水濕地在該處形成一個約等於瑞士大小的區域，而在蘇丹廣闊的蘇德沼澤裡，它形成了獨特的淺綠色蓬鬆毯子綿延至地平線。埃及如今已經不常見到野生紙莎草了，它在古代對埃及的文明卻至關重要，覆蓋了尼羅河沿岸及其回流地區六千五百平方公里（二千五百平方英里）的面積。紙莎草沼澤是魚類和野味的天然貯藏室，植株本身則有一部分可煮熟食用。取自莖幹表皮的乾燥纖維被用於製作繩索、籃子、網，甚至船帆。莖幹內部，柔軟的白髓圍繞空心的通風管，使紙莎草特別適於製作蘆葦船，尼羅河及其支流沿岸因此得以進行大規模運輸和貿易。紙莎草還是浮雕和墳墓壁畫上隨處可見的圖案；薩卡拉（Saqqara）和路克索（Luxor）許多巨大的廟宇柱子是以石頭雕刻而成的紙莎草束。

　　紙莎草也被用來造紙。將它的內莖浸透之後，交叉壓緊並捶打在一起，壓乾後用黏土粉拋光。在乾燥的沙漠空氣中，以莎草紙寫就的文件保存得出奇地好。例如，西元前一五〇〇年的《埃伯斯紙草卷》（*Ebers Papyrus*）是一一〇頁，二十公尺（六十五英尺）長的草藥和醫學知識卷軸，生動地描繪了古埃及人的生活。事實上直到大約九百年前，莎草紙都是該地區唯一的紙張來源；古希臘作家、羅馬帝國的官僚們都常常使用它，它也一直與書寫文字的語言有緊密的聯繫。在希臘語中，紙莎草的內莖是「*biblos*」，是「書目」（bibliography）和「聖經」（bible）二字的起源。紙莎草一詞本身也是希臘文，起初是描述植物的可食用部分，並給了我們「紙」（paper）這個詞。紙莎草沼澤是神聖的朱鷺棲地，真是再適合也不過了，因為朱鷺代表托特（Thoth），賦予生命的尼羅河使者、智慧之神和抄寫員的守護人。

　　西元一世紀，老普林尼將紙莎草描述為「確保永生的有價商品」，他指的

可能是文明對文字的依賴。不過也許他是想以更寫實的角度作此評論：古埃及人死後，靈魂由紙莎草船運到蘆葦場「雅蘆」（A'aru），並伴有死者之書——紙莎草卷，上面有地圖和方向。

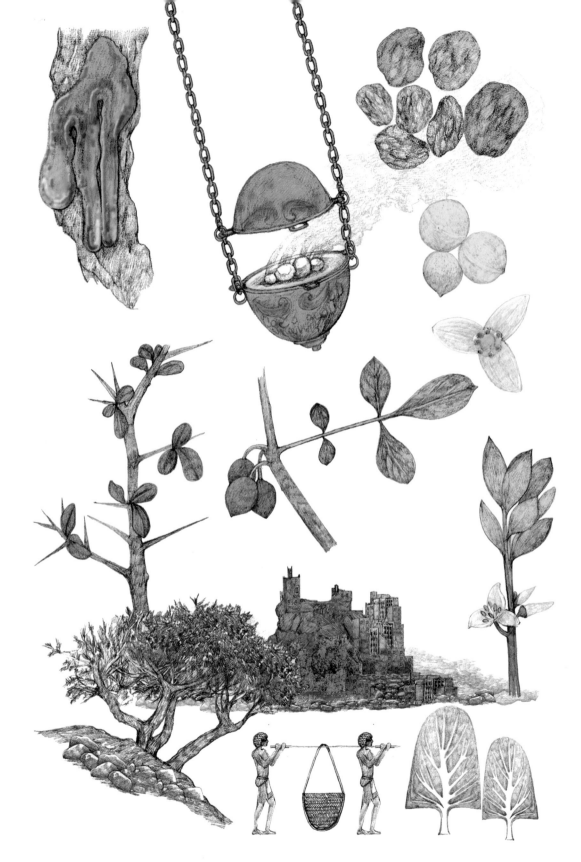

葉門

沒藥
Commiphora myrrha

　　矮小、粗糙的沒藥樹非常適合阿拉伯半島和非洲之角崎嶇不平的沙漠。它的葉子稀疏，尺寸小具蠟質，能減少水分流失，尖刺保護它免受草食動物的侵害。如紙並且會剝落的樹皮下方有特殊的導管，負責儲存另一種保護措施：具黏性、半透明，混合了膠質（可溶於水）、樹脂（不溶於水）和油的微黃物質。如果樹皮受損，植株就會滲出混合物，可以阻止、吞沒或至少阻塞住昆蟲的口器，比如白蟻。它還可以殺死細菌和真菌，密封傷口免受感染，在空氣中固化成灰灰的紅褐色。在樹皮上切口，可以刺激樹木分泌更多混合液，硬化之後就是現今作為商業交易的寶貴沒藥（聖經裡的沒藥被認為是獨立的相似品種「*Commiphora guidottii*」，來自衣索比亞和索馬利亞）。

　　五千年前，駱駝商隊將聖經中的沒藥品種帶到埃及，它在那裡被用來處理和防腐屍體。《舊約》描述了它薰香、催情和芳香的功能。沒藥在《箴言》中是妓女的氣味，然而在《雅歌》中是給情人的（如同詩句中所有其他事物）。在基督教的傳統中，沒藥、乳香和金子是東方三博士給嬰兒耶穌的合宜且昂貴的禮物。沒藥如今仍用於香水、宗教薰香和收斂性消毒漱口水——「myrrh」這個字（也就是沒藥的英文通名）在閃米特語中的意思是「苦」。

　　沒藥悠久的歷史使它成為傳奇中的物質。根據古希臘人的敘述，密耳拉（Myrrha）在不知情的情況下愛上了父親（神話總將這種錯誤描述得很容易），諸神為了保護她免受進一步的傷害，採取常用手段：將她變成一棵沒藥樹。密耳拉以樹的形式生了阿當尼斯，她的眼淚則形成芬芳的沒藥。

　　一八〇五年的特拉法加海戰之後，海軍上將霍雷肖·納爾遜的遺體在運回英國的航程期間，就保存在浸有沒藥的白蘭地酒內。雖然這個部分確有其事，但故事的另一個部分則說官兵們也在航程中給棺材打上水龍頭，以喝棺木中的白蘭地酒向這位英雄致敬。假使真有其事，那麼至少他們是帶著清新的口氣回到家鄉。

油棕
Elaeis guineensis

油棕莊重卻又凌亂，有明顯的單莖，樹冠由長長的羽狀葉組成，在西部非洲赤道潮濕低地的自然棲地中很常見。它的果實像小顆李子，呈火紅色和酒紅色；結實形態如椰棗，每團可多達數百顆。雖然果實看起來很美味，果肉卻極富纖維，堅韌油膩難以食用，肉豆蔻大小的核內有多油的仁。

非洲的小村莊裡常常可見村民用綁著鐮刀的長棍割下一把一把的果實，割下後會先放幾天讓它們出水或是在沸水中煮過，打成漿後表面就會出現大量可以刮起的油。這種油幾乎可以在室溫下固化，並且是重要的熱量來源，富有 β-胡蘿蔔素，供人體製造重要的維生素 A，並讓油呈現鮮豔的番茄色。紅棕櫚油的味道帶著強烈的煙燻、奶油、胡蘿蔔味，是西非料理的招牌風味。除了煎炸，它還可以用來調味湯品，做成名為棕櫚油肉塊的療癒食物——先用大量熾熱的紅棕櫚油將雞肉和牛肉煎成焦褐色，再做成燉菜。

與西非的村落式生產規模大相逕庭的是印尼和馬來西亞，它們有地球上最大的油棕農園，合起來的年產量是全世界七千五百萬噸中的百分之八十五。果肉和果仁中的油經過脫色除臭，精製成味淡、價格低廉卻用途廣泛的商品。它可製成乳瑪琳和烘焙食品、速食麵、馬鈴薯片、冰淇淋和花俏的糖果；也賜與我們肥皂、蠟燭、動物飼料，還是製造塑膠、潤滑劑和化妝品的化學原料，以及洗髮精和洗衣精中的發泡劑。超市裡大概有一半產品是使用某種形式的棕櫚油製成的。

但是這些好處是有代價的。非洲、南美，尤其是東南亞的大片熱帶森林——從前是生物多樣性集中地，也是許多瀕臨滅絕的動植物家園——就此被摧毀，將空間讓給油棕；同時也加劇了氣候變化。出口國對收入的渴望是可以理解的，況且無論如何，油棕的產量如此巨大，若想以其他農作物取代它們便需要更多的土地。解決之道在於防止進一步的森林砍伐，保護預留的區域以及不鼓勵全球性對非食用棕櫚油的暴增用量，例如用於生物燃料。

在幾內亞的小農場中，這種樹還有另一項天賦：做成棕櫚酒。沒有懼高症的人爬到樹頂切去一些花朵，將透明、甜蜜的樹液接入葫蘆和大瓶中。樹液會立即開始發酵，並在天然酵母和細菌的混合物幫助之下，於幾個小時之內變成

乳白色，冒著爽口的泡泡，近似啤酒的中等酒精度。棕櫚酒有酸味和酵母的香氣，以及誘人的柑橘果香味和一絲堅果與爆米花的味道。在路邊攤買得到裝在塑膠桶裡的棕櫚酒，是流行的解渴飲料和旅途上的必備之物。棕櫚酒的保鮮期只有一天，代表它絕對是在地釀造，光是這一點就令人更喜愛它了。

　　一九四〇年代後期有一種優美而溫和的音樂風格出現在港口城市的酒吧裡。水手們在這些酒吧中品嚐啤酒的替代品——棕櫚酒。當地歌曲和節奏結合了來自賴比瑞亞水手的歌曲和千里達的卡里普索，並以吉他伴奏；他們使用的樂器最初是由葡萄牙水手引進。這種音樂後來成為人們所知的棕櫚酒音樂，歌詞融入了民間智慧，並且拿日常生活和愛情逗樂，是快活音樂風格的起源。以社群規模採集油棕果實和樹液，再加上棕櫚酒音樂的和諧和聲，似乎與工業化規模種植單一作物的方式是兩個截然不同的世界。

象牙海岸

可可樹
Theobroma cacao

　　人工栽培的可可樹植株矮壯，野生可可樹則較高較優雅，這種樹大方地賜與全世界巧克力。其原生地是上亞馬遜盆地的祕魯、厄瓜多爾、哥倫比亞和巴西。喜蔭的可可樹非常適應熱帶濕潤的下層雨林；它深色常綠的葉子會被烈日的高熱灼傷，能滴水的葉尖可以幫助排除雨水，預防感染。

　　可可花令人意想不到地可愛，直接從樹幹和較老的分支長出，如頂針大小的五角星形花朵為深紅色和淡黃色。植株之所以有這麼多花，是因為每千朵花之中只有極少數會變成可可豆莢。授粉需要仰賴微小的蚊子造訪叮咬數次，縱使授粉成功之後，有些幼果仍然會犧牲小我變黑變乾，以調節植株負荷的大顆果實產量。倖存的果實或「豆莢」發展自受精的花朵，藉粗壯的梗直接附著在樹幹上。這種壯觀的性狀——稱為幹生花——可以幫助菠蘿蜜、榴槤、可可等熱帶樹木結出沉重的果實，並利用大型動物散布種子。豆莢會在六個月後成熟：尺寸有如半個橄欖球，外皮是粗糙的革質，呈黃色、南瓜橙色甚至茄紫。每顆果實包含約四十顆大型粉紅色種子或「豆」，含有營養價值高的酸甜果肉，能吸引猴子和令人不安的重型齧齒動物刺豚鼠。這些動物會吞下整顆種子，以免釋放出種子內難吃的苦味咖啡因和可可鹼——卻正是我們喜愛的提神物質。

　　如今，全球百分之四十以上的可可豆來自西非象牙海岸。果莢在收穫之後，豆子會先發酵幾天，透過天然酵母和細菌合作產生的生化魔法打造出豐富的風味。製作巧克力時，發酵過的可可豆先烘烤並壓碎，產生可可塊和可可油，再和糖以及其他成分結合。巧克力滑潤的口感來自可可脂，能在人體體溫之下融化；一些敏銳的消費者說優質巧克力能夠巧妙地冷卻口腔溫度，因為當脂肪從固體變為液體時會吸收熱能。

　　雖然巧克力棒是十九世紀時發展出來的，但我們已經在厄瓜多爾東南部發現五三〇〇年前的可可飲料殘留物；西元前四〇〇年，墨西哥和瓜地馬拉的奧爾梅克人（Olmecs）就已經建立了可可種植園。可可是阿茲特克帝國的重要貨品。一袋一袋的可可豆被當成貨幣，或者被磨碎與沸水、玉米、香草和辣椒攪打成提神的泡沫飲料。這種飲料被稱為「苦水」（*xocolatl*），以胭脂樹染紅，代表生命的力量。西班牙人起初不理解它的重要性，直到他們看到皇帝蒙特蘇馬

（Moctezuma）以金杯啜飲這種飲料。在阿茲特克帝國解體後，「巧克力」經由西班牙帶到歐洲，可可樹也開始種植於加勒比海。

　　為迎合歐洲口味，當時的歐洲人飲用巧克力時會加上牛奶和糖，後者也是剛從殖民地取得的食材。這種飲料很快就受到富裕人士的歡迎，他們將其與興奮、立即的滋養和振奮人心相連結。羅伯特・洛威爾（Robert Lovell）在其一六五九年的《草木全覽》（*Pambotanologia*）中的描述是當時典型的看法：「巧克力（chocaletto）製成的甜食，無論是單獨食用或是浸入牛奶中，都能引起性慾、生殖和受孕。」巧克力與放縱之間有絕對的關聯。一七○○年，英國作家約翰・蓋爾哈德（John Gailhard）極力反對「附有私人雅室的巧克力屋，儘管有些經常光顧的人正直與美德兼備，但大眾此處為充滿惡習、無所事事、談話腐敗和其他罪行的場所」。有了這種不經意的有效行銷手法，巧克力屋在倫敦最陰暗的地區暴增；成為或正派或可疑的紳士俱樂部先驅，至今仍然可見。可以理解的是，巧克力——我指的是真正的巧克力——仍然是成年人的享受。苦、濃厚、天鵝絨般的深色和刺激感，是既美味又罪惡的愉悅。

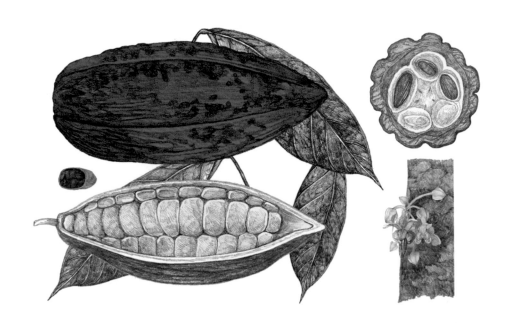

伊玻加
Tabernanthe iboga

伊玻加是剛果盆地森林中的下層雨林植物，內斂而細緻的灌木叢，也是與當地性靈傳統緊密交織的神聖植物。它的花形有如白色的小號，帶著粉紅色條紋，花瓣奇特地向後捲曲，繼花朵之後出現的細長橢圓形果實是淺橘色，表皮光滑。伊玻加的細枝被折斷時會淌出散發惡臭的白色乳膠，是製作箭毒的成分。

伊玻加的莖和根，尤其是根的皮，含有伊玻加鹼和其他能左右精神狀態的物質。伊玻加經過研磨之後與蜂蜜混合掩蓋住驚人的苦味，可以經由小劑量服用作為催情藥，獵人將它用作比咖啡因更有用的興奮劑，因為它能使他們警醒，但又能連續數小時保持靜止。

剛果的布維提（Bwiti）信仰結合古代西非萬物有靈論和祖先崇拜，也受到基督教影響，入門過程中會使用大劑量的伊玻加，目的在於培養出謙遜、有耐性和勇氣的人。完整的入門儀式過程可能持續一整年，在最高峰的階段讓年輕人吃下磨碎的伊玻加根。而社群中其他成員會用白灰塗臉，在火堆旁跳舞；入門者會經歷詭異的焦慮和噁心感，同時感覺自己似乎魂遊天外。如此，入門者會有極鮮明的夢境，優游於幻覺邊緣，並想起人生中早年的回憶。混合了伊玻加的儀式會持續數天，據說能將入門者與其祖先聯繫起來，並揭示當事人的未來。

伊玻加是與非洲邪教緊密聯繫的迷幻藥，具有令人不舒服甚至導致危險的副作用，因此伊玻加鹼自然而然地在許多國家被歸類為非法藥物。但是，它也令人驚訝地具有正面效果，能幫助吸毒者重新開始。據報導，伊玻加鹼能大幅降低毒癮，影響大腦對海洛因和處方鴉片（例如嗎啡和吩坦尼止痛藥）的感受功能。初步研究的結果顯示很有希望，報告指出只需要一劑伊玻加鹼伴以輔導計畫，便可大幅增加上癮者克服依賴藥品的可能性。

安哥拉

千歲蘭或二葉樹
Welwitschia mirabilis

　　千歲蘭以點狀分布生長——甚至可說旺盛地生長——於納米比亞中部和安哥拉南部之間乾燥的納米布沙漠碎石地區，像是被壓扁的外太空昆蟲；或者形容得俗氣一點：一團亂七八糟的垃圾。當奧地利植物學家菲里德利希·韋爾維奇（Friedrich Welwitsch）於一八五九年在安哥拉遇見這種植物時，極度興奮，盯著植物看了許久，「害怕一旦我伸手碰它，就會發現它其實只是想像出來的假東西。」千歲蘭確實是奇怪的植物。即使近在咫尺，也很難看清楚植株的各部分位置。在它的中央有木質中空的冠，表皮脆硬發黑，最大直徑一公尺（三英尺），高度不超過膝蓋。在火山口狀的邊緣溝槽中，只生出兩片寬闊的革質葉片，向側邊放射；它們會分裂成捲曲的帶狀，使植株看起來像是有許多葉子。這些葉子是所有植物中壽命最長的；在植株長達一千多年的生命中，同一對葉片會從基部繼續生長，平均每年大約長二十公分（八英寸）。葉片尾端破裂磨損，在荒蕪的時節還會被草食動物啃食，所以我們見到的只剩向外張開扭轉的幾公尺長葉片——否則葉片長度會綿延數百公尺。

　　在可能數年才下一場陣雨的地方，人們曾經認為千歲蘭長長的直根是其生存祕訣，但我們現在了解，這些根的主要目的是在疾風中固定植株，而非尋找地下水。取而代之的是，它除了在大面積土地上散開傳統形式的根之外，葉片上也發展出微小的氣孔用於氣體交換，使千歲蘭能夠吸收霧氣中的水分。

　　千歲蘭張開的葉子提供了庇護所和生命綠洲。例如經常伴著植株，非常漂亮的小千歲菊蟲，成熟過程會從朱紅色變成帶斑點的黑色和奶油色，並以令人難以置信的背靠背方式交配。牠們以千歲蘭植株汁液為食，與其他昆蟲一起形成當地的沙漠生物群落。

　　千歲蘭有雄性和雌性之分。雄性錐體會從邊緣附近發芽，帶有剛硬的毛和紅棕色的指狀分支；而雌性則有褐紅色和橙色的光滑直立結構，與松果非常相似。然而，椎狀體內部的形態比針葉樹上的任何部分都更像花朵。甚至能製造果蠅和蜜蜂採食的花蜜；這兩者被普遍認為是主要的授粉者。植物學家興奮地相信千歲蘭可能是毬果植物與稍後演化出來的開花植物之間「遺失的連結」。查爾斯·達爾文將千歲蘭描述為「植物界的鴨嘴獸」。鴨嘴獸是會產卵的哺乳動物，也是該家族的唯一成員，在世界上任何地方都沒有近親。

箭袋樹（和「眞」蘆薈）

Aloidendron dichotomum （和 *Aloe vera*）

　　箭袋樹是世界上最大的蘆薈之一。在納米比亞和南非西開普省的半沙漠地區裡就已經夠壯觀了，但在極度乾燥的納米布沙漠裡，由於附近沒有別的物體，它甚至看起來像一棵樹，旺盛的生命力令人咋舌。純粹植物學家堅持認為箭袋樹從性質上來說根本不是一棵樹，因為它的莖並非適當的「木質」；相反地，樹幹和樹枝裡填滿了可以儲存水的海綿狀物質，使它能讓稀少的降雨量發揮最大功用。不過它看起來確實像一棵樹。雖然大多數蘆薈在接近地面的高度成團生長，箭袋樹的中央主莖卻很強壯，在幼株時極為光滑，散布著細細的白色粉末，負責反射熱和光。之後，莖會分叉成為兩根分開生長的支，每個分支會再分叉，每次的長度都會減半，形成圓形的樹冠。如果非常乾燥的時節持續下去，箭袋樹就可以使用植物不尋常的自我管理天賦，隨機截斷樹枝以節省資源。這種樹的通名取自於該地桑人（San）的做法，他們將落到地面，容易掏空的樹枝做成箭筒。

　　箭袋樹的樹冠坐落於逐漸變細的樹幹頂部，樹幹可以長到顯眼的九公尺高（三十英尺），底部一公尺（三英尺）寬。當太陽低掛在天空時，樹皮顯得很壯觀：樹皮表面的突起縱橫交錯，金棕色如絲般光滑，令人忍不住想撫摸──但是要小心，因為裂縫邊緣非常尖銳。

　　箭袋樹的葉子有如典型的蘆薈：大而膨脹的藍綠色葉子形成蓮座葉叢，堅硬的蠟質表皮可減少水分流失，每一片葉片內部都有無色的凝膠狀物，是用來儲水的機關。頭狀花序在多天從葉片上方長出，一根一根拇指長度的管狀小花是金絲雀般的黃色，與藍天相映襯。它們能吸引黃昏時出現的太陽鳥，以豐富的花蜜換取授粉服務；就連狒狒也都認為值得花些時間吸吮花朵裡的甜蜜。喜愛交際的織巢鳥會在樹枝上築起誇張的共用鳥巢，連人類遊客也會被箭袋樹吸引而來。

　　蘆薈家族中一個著名的成員是蘆薈（*Aloe vera*，有時也稱為「眞」蘆薈）。最初原產於阿拉伯半島，它自古以來就在北非廣為人知，如今因為化妝品和藥膏用途而廣泛地栽培。蘆薈與腰同高，微拱形、富光澤的葉片上有白色斑點；高大的花穗上生著黃色、桃紅色，或偶爾可見的紅色小花。雖然它能生產美麗

的暗紫色種莢，卻在四千年育種歷史之中的某些時間點上失去了繁殖能力，因此今日的蘆薈藉著生出幼株來複製自己，稱為分生。

古埃及草藥典籍《埃伯斯紙草卷》中描述了蘆薈（參閱第六十四頁），該地區幾乎所有文明都會使用它。一則複述多次但難以驗證的傳說是希臘哲學家亞里斯多德建議亞歷山大大帝將部隊派往索科特拉島（今日的葉門），只為了確保得到足夠的蘆薈使將士們的傷口癒合。如今，聲稱蘆薈膠可以治癒一切的說法已遠遠超過了任何可得的證據；科學研究表示它作為潤膚劑、緩解牛皮癬症狀或輕度燙傷可能有其效果，僅此而已。蘆薈的某些成分不耐存放，所以在廚房裡放一盆蘆薈植物，隨時準備擠出凝膠安撫燙傷和燒傷，可能會比購買現成藥膏更有效（並且效果肯定更令人滿意）。

第二種蘆薈產品是葉子表面下方的淡黃色乳膠。無疑是植株為了自保，免受草食動物啃齧而演化出的物質。這種乳膠有令人作嘔的苦味和發酸的大黃根味道，是強力的瀉藥，在古代和中世紀都認為服用之後的大瀉能帶走身體裡的「壞東西」。這種被稱為「苦蘆薈」的蘆薈也被用於二十世紀初的歐洲，阻止兒童咬指甲和吮吸拇指的壞習慣，因為它可怕的味道大概可以防止任何意料之外的過度耽溺。

蘆薈和龍舌蘭（參閱第一五八頁）是很有趣的趨同演化例子。龍舌蘭（來自美洲）和蘆薈（主要來自非洲）沒有關係，但是在面對乾旱環境時卻分別演化出類似的特徵。蘆薈確實會每年開花，而龍舌蘭將所有賭注都押在一次嘗試上，但是若有急需，兩種植物都能分生。兩者都將水儲存在膨大多肉的葉子中（蘆薈使用黏性物質，而龍舌蘭葉片多纖維），並以堅固的蠟質表皮和齒狀邊緣保護葉片。最重要的是，這兩個屬看起來確實非常相似。趨同演化有一點頗令人滿意——似乎工程團隊都面對了艱鉅的問題，並獨立得出類似的解決方案。自然天擇確實非常聰明。

Aloidendron dichotomum

馬達加斯加

香莢蘭
Vanilla planifolia

　　香莢蘭是生長在爬藤上的蘭花，原產於中美洲熱帶雨林，在該處能以樹木作為支撐，生長到三十公尺（一百英尺）高。它在十九世紀中葉之後才開始種植於其他炎熱潮濕的地方，在那之前的主要來源是墨西哥，因為有遠見的阿茲特克人會種植香莢蘭來替可可添加風味。現在世界上最大的種植地是馬達加斯加，雖說也許該島因為猴麵包樹而聞名，但當地氣候和低廉的勞動力成本非常適合生產香莢蘭的艱辛過程。

　　在人工種植過程中，香莢蘭被固定在低矮的樹木或木製框架上，藉由修剪刺激開花。號角狀花朵是內斂的黃色、奶油色和淺綠色，散發著淡淡的肉桂氣息，在中美洲原生地的香莢蘭是由蜂鳥和馬雅皇蜂（*Melipona*）授粉。但是，這些物種僅生活在中美洲，因此在其他任何生產香草莢的地方，必須以人手單獨替每朵花授粉。花朵只開一天，所以必須每天早上在藤蔓上搜尋新的花。這種至今仍在使用的授粉技術於一八四一年發展出來，由印度洋留尼旺群島上奴隸制度下出生的男孩，十二歲的埃德蒙・阿爾比烏斯（Edmond Albius）發明；用薄薄的竹片刺穿分隔花朵上雄性和雌性部分的膜，將兩部分輕輕擠壓在一起轉移花粉，被稱為「完善授粉」（consummating the marriage）。一天之內，花朵深綠色的底部就會膨脹，在接下來的九個月中成熟為手掌長的細莢。香草是僅次於番紅花（參閱第四〇頁）的珍貴香料，為了防小偷，種植者經常會在每根成長中的豆莢上劃下自己的代碼。

　　泛黃的果莢終於被摘下時只有令人失望的淡淡香味，接下來還需要付出更多的努力將它們變成我們熟悉的濃厚棕色、氣味芬芳的香料。以沸水燙過之後，會在陽光下鋪開它們，每個晚上再包裹起來出水，持續兩個星期之後晾乾，小心存放幾個月。在漫長的過程中，酶會產生香蘭素，也就是主要的香氣來源，以及數百種其他芳香族分子的混合物。製造香草精的方法是將豆莢切開，刮擦之後與酒精混合。

　　香草精高昂的價格可以理解，因此大多數店家販售的香草香精都由取自各種木材副產品的合成香蘭素組成。同樣的化學過程通常會給儲存在木桶中的葡萄酒帶來一絲香草味，這也解釋了為什麼在便宜的威士忌裡加幾滴香草精，可

以給人在橡木桶中存放多年的老酒錯覺。合成香蘭素缺乏天然香草複雜的風味，只不過是真正香草的影子而已，可悲的是，我們對廉價冰淇淋中的假香草版本如此熟悉，原本貨真價實的異國美味卻被人們視為單調口味的代名詞。

肯亞

布袋蓮
Eichhornia crassipes

布袋蓮是亞馬遜盆地裡漂亮的水生植物。膨脹的葉能使植物自由漂浮，纖細的根通常是一公尺（三英尺）或更長，在水面上的是光滑圓形葉片，革質，能夠在水面推動整棵植株。淡紫色花束的頂部花瓣上都有獨特的帶藍邊黃色斑塊，為蜜蜂指引花蜜；蜜蜂似乎也喜歡花瓣上細微、如玻璃般的纖毛，很顯然是為了方便牠們而生就的。布袋蓮使用走莖（從旁側生出的苗）有效地自我複製，在十九世紀後半，它以極易繁殖的花園池塘觀賞植物身分出口到世界各地。不幸的是，它很快就脫離掌控，成為噩夢般的雜草。

出口後的布袋蓮遠離原生地，因此沒有天敵，成為傳播速度最快的植物之一。它佔據了熱帶地區的河流和淡水湖泊，在營養豐富的水中（例如農田排水）迅速繁殖，形成緻密的浮墊堵塞河流和發電廠的冷卻水入口。它覆蓋了稻田，使湖水和其他生物缺氧，藏匿蚊子和危險的河馬及鱷魚。幾十年來，非洲許多湖泊都受到嚴重影響。二〇一九年，肯亞維多利亞湖有大約一七〇平方公里（六十六平方英里）的海岸線被布袋蓮覆蓋住，厚到一眼望去，船隻有如航行在廣闊綠色海洋裡的孤立小舟。

目前最有希望的整治方法是引進來自巴西，與布袋蓮一起演化的布袋蓮象鼻蟲（*Neochetina*）。牠們的幼蟲能挖掘深入植株破壞生長點，讓水進入之後腐爛滲透植株。但是，象鼻蟲需要幾年的時間建立聚落。在此同時，人類只好用巨大的收割機清除航行水道，但也只是暫時的權宜之計；因為布袋蓮可以從小植株碎塊迅速擴散。從水裡拉出一個足球場大小的布袋蓮就可以重達三百噸。值得慶幸的是，人們已經發現這種豐茂植物的有益用處：從前人們以布袋蓮編成小籃子，如今則將布袋蓮發酵變成沼氣，提供爐具烹飪能量，並減少柴薪使用量。

衣索比亞

咖啡
Coffea arabica

　　小小的常綠咖啡樹伊始於衣索比亞西南部多森林的山脈附近；橢圓形的闊葉邊緣有皺褶，葉片正面深色具光澤，背面色淡，喜陰。花朵盛開時的咖啡是迷人但短暫的喜悅；僅僅幾天之間，數以千計的精緻白色花朵散發出淡淡的金銀花和茉莉花香氣，籠罩著整棵樹。光滑的橢圓形果實成熟後是鮮紅色的，有一層可食用的薄果肉，味道近似西瓜和杏桃，包裹著一對有深溝紋的種子，這就是我們熟悉的咖啡「豆」。

　　咖啡鮮亮、甜美的果實已經進化到能夠吸引猴子和鳥類，食用果實之後將果肉部分移除排出種子，有些被排泄出來的種子會完好無損。由於產量少得可憐，這樣的豆子經由收集之後被當作奢侈品賣出；舉例來說，印尼的麝香貓咖啡（*kopi luwak*）被愛好者描述為「滑順而有泥土芬芳」，是亞洲椰子狸的（咳咳）「產物」，牠們通常為此目的而被獵捕和交易。除此之外，所有人工栽培的咖啡都是人手採摘的；它的果實不適合機械收割，因為不會同時成熟。

　　一千多年前，由於天才或好運，無趣又無味的咖啡豆從果實和果殼中分離出來，經過烘烤、搗爛，並加入熱水中。結果產生了風味極佳，刺激但不含酒精的飲料，並經由葉門在整個伊斯蘭世界和鄂圖曼帝國傳播開來。根據故事敘述，大約在西元一六〇〇年時，咖啡與伊斯蘭的關係導致梵蒂岡官員將其視為「撒旦為了誘捕基督教徒靈魂的最新陷阱」，但據說教皇克萊門特八世曾嚐過一點並賜福給咖啡，因為「若只有可恥的異教徒能使用它，將是一大恥辱」。他可真是個好人。

　　到了十七世紀中葉，歐洲各地突然興起許多咖啡館，在倫敦特別成了男人討論生意和政治的地方；與巧克力屋相反（參閱第七十一頁），咖啡館是相對輕鬆的場所，也歡迎女性。幾個世紀以來，許多文化都發展出與咖啡有關的習俗，背後有著各式狀似誘人的工具、偏執的研磨方式和咖啡豆來源選擇。衣索比亞有一項特別繁複的儀式：在撲鼻的薰香中，咖啡豆以木炭烘烤，然後和小豆蔻或其他香料一同在桌面搗碎製成濃烈的深色飲料，佐飲的零嘴是……爆米花。對那些有幸住在衣索比亞咖啡館附近的人，用這種方式喝咖啡應該頗為愉快，不過也許最好不是在睡前飲用。

咖啡樹並不是為了讓我們享受才產生咖啡因。當它的葉片枯死掉落後，咖啡因就會滲入土壤，遏止競爭植物的發芽和生長；它也是針對各種昆蟲和真菌的防禦機制，有時可以致死。因此令人驚訝的是，咖啡和一些與其無關的柑橘類植物會在花蜜中加入咖啡因，畢竟，這種做法是為了「獎勵」將花粉運送到其他植物上的昆蟲。事實證明，只要最少量的咖啡因，低於蜜蜂能察覺到的分量，就能幫助牠們記住該植株，令牠們更有可能回到同一棵植物。花朵精妙地分配了足夠的咖啡因，使其具有藥理活性卻不足以引起困擾。

十九世紀末，亞洲的阿拉比卡咖啡豆產量被一種真菌消滅殆盡：咖啡葉鏽病。咖啡園紛紛種植具有免疫力的「Robusta」品種（*Coffea canephora*），雖然它的味道比阿拉比卡更苦，但現在已廣泛種植。由於氣候變遷和隨之而來的新種病蟲害，如今咖啡植株再度面臨風險，不過已經有了培育新品種的計畫。目前全球共有超過一百二十種野生咖啡，其中大多數在熱帶非洲。它們具有令人著迷的風味，咖啡因含量也各異，其中一些可以耐高溫和乾旱，或能適應不同土壤或植物病害，不過絕大多數都受到氣候變化或森林流失的威脅。不公平的一點是，保護全世界最有價值貨品之一的物種多樣性責任，目前主要卻都落在非洲國家肩頭。

阿魏
Ferula assa-foetida

　　阿魏植株牢牢地直立生長，通常高於人類頭部，空心的莖粗如拳頭。在半乾旱地形中，葉片大多垂懸接近於地面，植株樣貌明顯，每束花序都由具有短梗的單朵黃色小花組合而成，全從同一點向外如煙火般爆散。植株氣味並不具吸引力，並多集中於乳白色的黏稠混合物，可以藉著割傷莖幹和根部收集。這種有價值的樹脂材料能在空氣中硬化並逐漸變成褐色，帶有硫磺味、大蒜、汗臭味和生肉味的誘人組合。 阿魏看起來不像是商品，但它在印度有現成的市場，被稱為「興」（*hing*），因其在阿育吠陀醫學中作為消化劑，並能治療呼吸和神經疾病而深受歡迎。除此之外，印度廚房中處處可見它的身影。

　　當將豌豆大小的阿魏塊壓碎並油炸時，會出現變魔術般令人捧腹大笑的轉變；令人震驚的惡臭消失了，取而代之的是溫暖美味的洋蔥香氣。它能增強氣味，將其他香料融合成彼此協調的美味，用於北印度的小扁豆和鷹嘴豆菜餚中特別棒（抗腸胃脹氣的特性尤其替這道菜加分）。

　　阿魏被認為與羅盤草非常相近，後者是古希臘和羅馬美食中的典型調味料，以及當時社會中的烹飪和文化符號。不幸的是，羅盤草很固執地抵抗所有的培育嘗試，僅生長在狹窄的昔蘭尼加地區（Cyrenaica）：地中海沿海一道狹窄的土地，如今為利比亞的一部分。數百年間，羅盤草的供應受到嚴格管控，除了維持高價之外，也確保收成的永續性。然而當羅馬共和國開始任命臨時的昔蘭尼加省長之後，開始為了短期收益而過度開發羅盤草。到了西元一世紀時，雖然羅盤草仍被納入食譜中，但老普林尼卻抱怨已經很難找到羅盤草；隨著價格上漲，羅馬人以波斯的阿魏取代羅盤草，他們曾將其描述為味道相似，但可惜遜色許多。最後，羅盤草變得極為罕見，就連大帝尤利烏斯・凱撒都得將它與黃金和白銀一起放在庫房裡。它可能是在西元二世紀初絕種。

　　當羅盤草還可得時，它是昔蘭尼加的主要貿易商品；其植株，偶爾還有它的心形種子莢，都是昔蘭尼加硬幣上的圖案。有些歷史學家聲稱羅盤草可能用於口服避孕藥，因此也被認為是催情藥。在這種情況下，我們很難不用現代的眼光檢視硬幣上的心形符號，揣想兩千多年之前的人們是否就已經將心形與愛情聯繫在一起。在近代，可能是羅盤草手足的阿魏已經在阿拉伯到印度地區被用作性興奮劑。有鑑於其氣味，它的使用者想必對其功效堅信不疑。

伊朗

大馬士革玫瑰

Rosa × damascene

　　玫瑰是多刺的灌木，有令人困惑的祖先和無數品種——野生種，栽培種和雜交種。許多玫瑰花的顏色和香味已經演化成能夠吸引授粉者，有些花瓣上甚至有微小的錐狀細胞，協助蜜蜂在風中抓住花瓣。但是，某些高度育種的玫瑰卻依賴我們人工栽培；它們的花朵有數層花瓣，雖能贏得園藝獎，卻妨礙昆蟲採集花蜜和花粉，因此不可能進行自然授粉。

　　花會向各種生物發出信號，但是很長一段時間以來，卻是人類使用玫瑰向彼此發出信號。玫瑰纏在羅馬軍隊的凱旋大旗上，尼祿皇帝舉行的盛大宴會中處處擺滿盛開的玫瑰花，香氣迫人。玫瑰與希臘的寂靜之神相連結，被描繪在羅馬餐館的天花板，懸掛於中世紀的皇室外交會議上，意示保密。如今，蘇格蘭政府將不列入紀錄的策略性討論標記為「玫瑰之下」（sub rosa）。

　　玫瑰與伊斯蘭教有格外緊密的關係。傳統的說法是，玫瑰綻放自先知穆罕默德的串串汗珠；十六世紀，它們是蒙兀兒帝國（Mughal）以波斯園藝和設計為藍本的花園最愛。如今，玫瑰仍是伊朗全國的驕傲重點，該國有各種慶祝玫瑰的節日，並且與美國、英國和其他十個國家一樣，將玫瑰作為國花。

　　大馬士革玫瑰植株高大開放，有令人陶醉的粉紅色花朵，生長於保加利亞、土耳其和伊朗中部，用於調味和香料。玫瑰水是將大量花瓣置於水中煮沸後再將蒸氣冷凝，被廣泛使用於當地特有甜點中，例如土耳其軟糖（*rahat lokum*）和較不甜膩，充滿開心果的伊朗軟糖（*rahaat*）。但是，芳香醉人，香水匠人都渴求得到的濃縮玫瑰油，卻需要足以移山的努力才能產製出來。七千朵花在清早的盛開時段被採集下來，於當天蒸餾出僅僅一茶匙的油，價值連城。

　　玫瑰奪人的芳香和綽約風姿往往與愛和浪漫交織在一起。雖然以玫瑰做成的甜點風味介於超凡的幸福和吃肥皂的感覺之間，這個世界確實需要更多玫瑰代表的愛。

巴基斯坦

指甲花（散沫花）

Lawsonia inermis

　　指甲花喜愛炎熱，是生長於中東和南亞的灌木或小樹，它在貧瘠乾旱的土壤中存活的策略是：缺水時落盡葉片，下過雨之後又恢復生氣。如噴霧般白色或帶著粉紅色條紋的小花朵就像令人雀躍的花束，與綠葉混雜著在空氣中散發出清新的花香，但是近距離觀察，這些花朵卻有極爲感官的後味，幾乎像動物的味道。指甲花精是來自此花朵的萃取物，是可以理解的昂貴香水成分。

　　指甲花看似平常的葉子是最古老的化妝品來源之一，三千五百多年前的古埃及將其用於人體彩繪。它們含有無核苷，可能是植株用來保護自己免受微生物和昆蟲侵害的物質。將葉子磨成粉，用水和少許檸檬汁調成糊狀物之後能引發化學反應，產生指甲花醌，是爲人熟悉的染料化學名。將指甲花醌用於皮膚、頭髮或指甲，能和人體蛋白質結合產生橙棕色。顏色的色調和濃淡可藉由調整染色時間而改變，有時人們也添加咖啡、茶或合成染料。

　　在該地區中，指甲花葉被乾燥、磨碎、過篩之後販售。這些地方的婦女衣著特別樸素，所以在手腳上展示精美的指甲花裝飾可以低調地發揮個人特色。在某些社會中，女性會在月事結束的時候以指甲花畫上圖案；逐漸褪色的圖案顯然可以讓那些知情者了解她的每月週期進程。更廣泛地說，傳統回教或印度教婚禮前的「指甲花之夜」或「曼海蒂（Mehndi）之夜」，是壯觀的人體藝術、裝扮和姊妹情誼的慶祝活動，等於西方世界的「母雞之夜」，但更加豐富多彩，也沒有酒精帶來的混亂。

印度

蓮花
Nelumbo nucifera

　　蓮花是亞洲最受人尊敬的植物之一，也是印度的國花，已被作為糧食作物種植了七千年之久，並因烹飪、文化、觀賞等價值被培育出數百個品種。蓮花是始於一億多年前的演化遺產；它仍存活的最近親是南非的海神花，兩者都有壯觀的花朵；還有令人意想不到的懸鈴木屬植物（*Platanus*），包括高大的倫敦梧桐樹。它能在停滯或流動緩慢的水域裡迅速生長，甚至可說具侵略性，透過地下莖在淺水池塘和沼澤泥漿中蔓延。蓮花的地下莖有微微的香味，風味類似朝鮮薊，耐烹調的清脆口感引人食慾，切片之後有醒目的格子圖案，是細長莖幹裡的氣室。

　　若是陽光充足，生長出的獨個花苞會高踞在堅挺的莖頂端，綻放出美麗的花朵──是中國和日本藝術中標準的美感代表。極為細緻的花瓣呈杯狀，對稱完美，直立尖端經常微微變深成櫻桃或紫紅色。盛開的花有大型甜瓜尺寸，乍看之下類似亞馬遜王蓮（參閱第一五四頁）；雖然兩者並沒有關係，卻都進化出將花朵微微打開以甜香引來甲蟲，待其進入之後再將其困在花中過夜。蓮花以格外溫暖的環境歡迎甲蟲──大約攝氏三十六度（華氏九十七度）──若外界環境的溫度比較低，它甚至能維持恆溫。第二天花朵會完全打開，釋放出洗了花粉浴的甲蟲，並吸引蜜蜂和其他昆蟲參與第二波授粉潮。

　　雖然蓮花在熱帶地區可以全年開花，每一朵花卻只持續幾天。花瓣落盡之後會露出裡面圓錐形的結構，也就是花托，外形極為類似人造的花灑，平坦的表面布滿了孔，每個孔都有一顆類似堅果的種子；隨著花托變成堅硬的木質，種子也在腔室中嘎嘎作響。蓮子是營養豐富的食物（但是味道有點平淡），可以經過烘烤作為零食、煮熟、或磨成粉。它們深色的外皮堅韌難以滲透。在中國東北部的乾燥湖床上曾發現一把蓮子，以碳定年法測得的結果是已有一千多年的歷史，這些蓮子在發芽之後也開出了美麗的花朵。

　　蓮花碩大鮮亮的葉子直立於水中，外形有如反過來的陽傘，中央連著莖。它們通常被作為綠色蔬菜烹調食用或包裹食物，但它們有非凡的特性：每片葉子都散布著微小的蠟質隆起，稱為乳突，高度只有百分之一公釐，在拇指指甲大小的區域中就有兩百萬個。這些突起能使表面具有厭水效應，防止水滴過於

接近葉面，壓平並打濕葉子——相反地，表面張力會讓雨滴形成小球，向下滾動到葉子中心，凝聚在一起之後形成閃爍的水珠，讓葉子其餘部分保持乾燥。葉片較乾燥便不易受感染，而乳突也能保持葉子表面一塵不染，進而充分利用陽光。空氣中的灰塵、碎屑和許多真菌孢子都夠大，只能落在乳突頂端，很容易就被雨滴沖刷掉，最終從搖曳的葉子上滾下。某些其他植物也有這種特色，包括甘藍家族內的尋常成員，但程度各有不同；材料科學家已經受到起啟發，模仿所謂的「蓮花效應」製成雨衣，或是可以去除水和汙垢的窗戶玻璃和油漆。

神聖的蓮花在亞洲文化中具有深厚的宗教意義，且是藝術、建築、和雕塑中常見的主題，神祇常常端坐在蓮花寶座上。對印度教徒來說，宇宙的創造者梵天是自毗濕奴肚臍上的蓮花生出的。毗濕奴的配偶吉祥女神拉克希米（Lakshmi）被描繪成坐在蓮花上或懷抱蓮花花苞，既代表純潔，又代表財富和生育力。按照佛教傳統，蓮花在釋迦牟尼佛悉達多踏出第一步時開始發芽，藏傳佛教徒常唸的六字真言唵嘛呢叭咪吽（Om mani padme hum）催眠似地重複同一句梵文短句，也將蓮花與啟蒙及不可計量的珍寶連結。蓮花完美無瑕，出淤泥而不染，閃閃發光的水珠在葉片中央跳動，如珠寶般閃爍，象徵著通往光明與智慧的精神之旅。

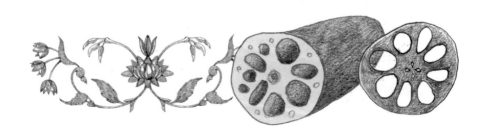

印度

阿茲特克或非洲萬壽菊
Tagetes erecta

　　令人誤解的「非洲」萬壽菊其實原產於墨西哥和中美洲，通常與金盞花（Calendula）混淆，後者是來自地中海和歐洲東南部的類似花朵，有時也稱為「萬壽菊」。非洲萬壽菊的英文通名「marigold」取自「瑪麗的金子」，描述聖母瑪利亞的屬靈光輝。萬壽菊花朵端立在直立的莖幹頂端，的確綻放出鮮明的光芒：顏色從檸檬黃到有力的橘紅色，偶爾還有少許猩紅色澤。

　　萬壽菊的藥用歷史很長，包括作為防腐劑、治療胃部不適和腸道寄生蟲，以及用於外部治療潰瘍和瘡。在阿茲特克文明中，植物的醫療應用往往結合了巫術和宗教；萬壽菊是宗教節日的裝飾和祭品的一部分，神衹也飾以萬壽菊花環。

　　阿茲特克人的文化仍倖存於現代墨西哥，當地天主教徒在十一月初紀念的諸聖節和諸靈節，融入了西班牙人入侵之前的信仰，亦即死者可以返回地上拜訪親戚朋友。因此有了溫馨的歡慶儀式「亡靈節」，墨西哥人會在這一天拜訪親朋好友的墳墓，用萬壽菊和食物祭品裝飾墓地。死者故居裡的慶典祭壇以萬壽菊花瓣興高采烈地排出路徑，讓靈魂找到回家的路；萬壽菊在當地是眾所周知的「死者之花」（*flor de muertos*）。

　　早期阿茲特克人以萬壽菊裝飾神衹的做法，很容易就能呼應到現代印度。對印度教、錫克教和佛教來說，萬壽菊強烈的柑橘色代表純淨、智慧和啟發，花朵還負責裝飾最富麗堂皇的神殿和最樸素的小廟。以線串起的花朵盤繞成令人眼花撩亂的圈環，以公尺計價，透過綵帶形式伴隨政治要人、寶萊塢明星、名人婚禮和葬禮哀悼者。它們還以扇貝形披掛在卡車的擋風玻璃上；在地面鋪成吉祥的花卉和幾何圖案──持續且明顯地提醒人們植物學和人類文化之間不可分割的聯繫。

印度

芒果
Mangifera indica

　　芒果的祖先大約於四千年前在印度被馴化，至今該國仍佔全世界芒果產量將近一半，其中大部分在當地就被食用。芒果的數百個品種都是基於不同的特色培育出來：尺寸、顏色、風味、質地、果實的保鮮期、抗病性和最佳的植株收成高度。芒果樹可以長到高聳的三十公尺（一百英尺），有密實的圓形樹冠，是堅韌的常綠植物，樹皮厚，略微開裂，會剝落。色深而光滑的葉片被壓碎時會散發出防禦性化學物質，聞起來是略似樟腦的苦味。印度常見的傳統是將芒果葉穿線，懸在門楣上以求好運，可能就是因為它們的防蟲效果。

　　芒果隸屬於以防禦力兇狠而聞名的家族，其成員還包括邪惡的毒常春藤和腰果，後者的堅果具有苛性防禦物質，當初竟然有人發現它們可以食用，真可謂一大奇蹟。相較之下，芒果算是輕量級的；它的莖有時會滲出乳白色樹液，能引起瘙癢，若是有些人愚蠢到咀嚼堅韌的芒果皮，就會感到灼痛。

　　啊，芒果！富肉質的腎形果實懸垂在長而粗壯的莖上，不同品種成熟時會變為淡黃色、金色甚至紅色，表面敷有一層果粉。芒果濃郁的果肉既多汁又肉感，是萬壽菊的橙色——印度教中的吉祥色（參閱第九十七頁）——風味複雜，前調有如焦糖、桃子和椰子，並隱隱帶著類似松節油樹脂味。若是新鮮的芒果太甜，還可以用「*amchoor*」——乾燥芒果磨成的粉——替食物增添微酸、令人垂涎的鮮明風味，它的甜味比任何芒果乾都微妙，但在亞洲以外的地區卻莫名其妙地被低估了。

　　一棵芒果樹在單個產季之內便可以輕鬆生產三千顆芒果，如此的多產需要巨大的能量，因此芒果會藉由輪流切換「多產年」和「低產年」，修復生產力。由於旺盛的繁殖力，芒果理所當然地代表了好運和生育能力。在某些地方，新娘和新郎會圍著芒果樹遊行；在其他地方，芒果樹會和其他樹種，通常是羅望子樹，進行聯姻儀式；印度教的愛與情慾之神卡瑪（Kama），從飾以芒果花的箭上發射出情色的喜悅。

　　印度最受尊敬的神靈之一甘尼薩（Ganesha）是除障和智慧的守護者，經常以大象為代表，並伴以芒果。大象確實偏愛水果，芒果因此進化成能夠吸引大型哺乳動物；我們已知大象的腸道分泌物能促進種子發芽，大象糞便還使芒

果苗有了肥沃的開始。

　　十六至十九世紀的蒙兀兒繪畫中經常出現大象和芒果，畫中經常使用半透明，幾乎發亮、帶有粉狀質地的金黃色，是費了很多功夫由芒果中萃取出來的。從前商人們所知的印度黃只有為數不多的歐洲畫家欣賞，既不褪色又能發出螢光，使該色顯得特別生動。在一八八三年，目睹顏料製造過程的人證實說，在加爾各答附近的某個村莊裡有牛隻被嚴格限制只食用芒果葉，使尿液顯著變黃。尿液經過仔細收集，沸騰蒸發（嗯⋯⋯）並過濾之後，就能產生黃色粉末，被揉成餅狀銷售；這種做法一直到二十世紀初才被取締。化學家和藝術史學家都對這個故事存疑，但研究人員在二〇一九年使用最新的分析技術測試古老的顏料樣本，證實印度黃的確來自牛隻尿液裡的芒果葉。原來傳奇色彩並不純粹是想像出來的。

印度（和菲律賓、中國、衣索比亞）

香蕉（和親戚馬尼拉麻蕉、地湧金蓮、象腿蕉）

Musa spp.，*Musella* 和 *Ensete*

　　儘管香蕉家族的葉片巨大且通常高高聳立，它們在植物學上卻不是樹木，而是巨型草本；它們在開花後會凋萎，莖是由緊緊捲起的葉片組成而非木質。

　　我們熟悉的香蕉植物是如今仍種植於東南亞的兩種古老野生種的雜交後代，這兩種野生蕉的果實小，不美味，具有堅硬和難對付的種子。在長達一萬年的馴化過程中，香蕉在早期的某個時間點上變成方便的無籽果實，因此無法繁衍下一代。香蕉有數百個不同品種，每一種——包括富有澱粉，可用於烹飪養活超過五億人口的大蕉——都得依賴人類繁殖；它的地下莖被切成塊之後，發出的芽會與原來的香蕉具有一模一樣的基因。

　　大約生長一年之後，數公尺高的香蕉植株會轉移能量，生出壯觀的花朵。假莖頂部冒出柄狀物，長出明顯的穗狀花序，由經過演化後的特殊葉片，或稱苞片，包住防護。紫色苞片一片一片打開之後，露出裡面十幾朵或更多管狀雌花組成的穗，每朵雌花不需要授粉就可以變成香蕉。果實會形成連續交疊的層次或「果手」，一根重如大手提箱的花梗就可以結出幾百顆果實。開花的莖下垂，讓迷你尺寸的香蕉向下指，然而果實並不會繼續向地面生長，而是轉向太陽——這就是香蕉彎曲的原因。待熟三個月後，香蕉終於成熟並變甜，表皮裡的葉綠素會分解，使果實變成誘人的黃色。奇怪的是，這個過程中的一些副產品在紫外線照射下會呈現藍色，一般認為能使陽光下的香蕉更引人注目。在有紫外線照射的夜店裡，成熟香蕉發出的淡藍色螢光是個有趣的娛樂。（一九六〇年間有一陣毫無根據的嬉皮狂熱，聲稱吸食介於香蕉皮肉之間有苦味的白絲纖維能獲得廉價的快感，相較之下，以紫外線照香蕉是比較有譜的消遣。那些白絲纖維負責運送水分和養分給生長中的果實。）

　　印度種植的香蕉比其他任何國家都多，其中大部分銷往印度本土市場。香蕉有數十個品種，質地、甜度、酸度各不相同，都有令人著迷的味道；果肉也許像冰淇淋一樣柔軟，或堅實；有雀斑甚至條紋的；細長的或粗短的。果肉多是黃色，但是也有赤褐色、石榴石甚至是深紅色，有些果肉則是粉紅色。然而，幾乎所有世界上行銷的香蕉（主要來自厄瓜多爾、菲律賓和中美洲）都是同一種「香芽蕉」（Cavendish），滋味單調但經得起運輸。我們對這個單一複製

品種的依賴是有風險的。只要任何病蟲害影響其中一株植株，都可能影響到全部植株。確實，雖說香芽蕉是最大量施用化學物質的農作物之一，如今卻已經受到散播全世界，能致命的巴拿馬真菌菌株的威脅。

並非香蕉家族的所有成員都是爲了果實而種植的。在菲律賓，馬尼拉麻蕉（*Musa textilis*）或「*abacá*」是麻蕉纖維的來源，這種堅韌的纖維經過風乾之後可編織成繩索和墊子，甚至用於製造文書官員們的辦公室必備道具：茶包和「馬尼拉」文件夾。在中國西南部，地湧金蓮（*Musella lasiocarpa*）的多毛果實看起來毫無吸引力，但是美麗的爆炸形花朵卻肖似蓮花，被佛教徒視爲神聖的植物。它的莖被發酵製成酒，新鮮的汁液則順理成章地用於治療宿醉。象腿蕉（*Ensete ventricosum*）是衣索比亞西南部涼爽高原的高大原生種，花序壯觀，紫灰色的苞片分開之後露出內裡火熱的橙色。這種沒有果肉，只有種子的果實幾乎是不可食用的，但是象腿蕉能耐洪水和乾旱，換個方式提供兩億衣索比亞人可靠的食物。將它的內莖搗爛之後以葉片包裹，放在有蓋的坑中發酵數月產生的酸糊稱爲寇秋（*kocho*），可以儲存，並視需要烘焙成營養豐富的扁麵包，雖然帶有一絲絲令人不安的藍紋奶酪味。

同時，儘管普通香蕉向來與幽默感聯繫在一起，除了滑跤的鬧劇、幼稚的諷刺或因爲放在冰過的午餐盒裡變黑而被鄙棄之外，它其實值得更好的待遇。在印度，甜粥（*panchamrutham*）是由香蕉、椰棗、蜂蜜、棕櫚糖和香料製成，是得體的神殿供品。在其他地方，酒燒香蕉這道甜點是先用奶油和最黑的黑糖炒香蕉，淋上充足的蘭姆酒，點火之後以一匙鮮奶油撲滅火焰，肯定能滿足住在成人心裡的那個孩子。

Ensete ventricosum

Musa textilis

孟加拉

木藍
Indigofera tinctoria

　　木藍粉紅色或紫色的花朵屬於典型的豌豆和豆類家族，種莢亦然，有趣地捲起，就像捲尾八字鬍。橢圓形的葉子成排對稱，染料便由此產生。艾薩克・牛頓（Isaac Newton）在十七世紀中葉為彩虹顏色命名時，給了這個顏色特殊的位置──介於藍色和紫色之間。

　　製備染料時，先將葉子撕開，搗碎之後浸入水中發酵，形成充滿氣體的漿，再經過乾燥切成藍色──應該說是靛藍色──小塊。染色時，將小塊磨成粉之後與鹼性物質（傳統上是木灰）一起加進水裡；鹼性物質能使染料不褪色，但會使溶液變成令人憂心的無色。當布料從大桶裡抽出來接觸到空氣後──噹噹！──令人驚嘆的濃豔色彩就會再度顯現。

　　木藍的英文通名「indigo」源於古希臘文中的印度。印度已經使用木藍約四千多年；「印度染料」在西元一世紀的地中海區域是很知名的，並於十五世紀的海洋貿易熱潮中變成很重要的商品。但是在北歐，藍色紡織染料的來源是菘藍（Isatis tinctoria），是中世紀非常有利潤的植物。兩種植物都能產生相同的靛藍，但是菘藍的產量較低。雖然種植者和歐洲貿易保護主義國家努力阻擋，印度的木藍卻來勢洶洶，終究取代了菘藍。

　　木藍在十九世紀英國統治之下的印度成為利潤豐厚的出口貨物。可悲的是，農民被英國種植者和居於仲介角色的當地地主們殘酷剝削，導致了孟加拉在一八五九年的木藍起義。這場超過一萬人，有紀律的非暴力示威獲得了成功，據說是聖雄甘地的靈感來源。

　　到了一八九六年，印度約有六千八百平方公里（二千六百平方英里）種植了木藍。但是一年之後，德國化學公司巴斯夫（BASF）推出了以石化產品為基底的合成靛藍，就在呼應歷史的逆轉中，印度的木藍貿易崩潰了。如今，幾乎所有靛藍色都是合成的，大部分用於牛仔布的染色。但是為了進一步呼應過往，現在孟加拉（從前的東孟加拉邦）日漸增加的家庭工業中，也有小型的天然靛藍染料出口服務。

中國

大豆・黃豆
Glycine max

　　大豆的馴化約在五千年前始於中國東北，到大約西元一〇〇年時，它在東亞已經是很普遍的食品。但是，直到十八世紀才抵達西方世界，當時只被視為植物學上的奇特物種；直到一九四〇年代，二次世界大戰中斷了中國的大豆油出口，才開始在北美大規模種植。今天的大豆覆蓋超過地表一百二十萬平方公里（四十七萬五千平方英里），主要是美國、阿根廷、巴西；特別是在巴西，它已取代大量具生物多樣性並能隔離碳的雨林。中國當年將大豆推向全世界，如今卻是世界上最大的進口國。

　　大豆的葉叢濃密，高可及腰，葉片和莖覆蓋著細毛，摸起來很舒服；它的顏色從凡戴克褐到淺灰色，這些顏色名也已經被用於大豆的品種簡稱。花朵是薰衣草紫、淡粉紅或白色，看起來像蝴蝶，通常帶有彎翹的洋紅色裂緣，豆莢成簇，每根內部都有幾顆稻草黃色或草綠色的種子——也就是大豆。大豆是典型的豆科植物，根部是細菌的宿主，能夠從土壤中的氣穴吸收氮（參閱三葉草，第二十八頁）並用於製造肥料。包括豌豆和豆類的豆科植物是胺基酸的寶貴來源，動物（包括人類）用這種複雜的氮基底化合物生產蛋白質，建立人體組織。大豆是最營養的植物性食品之一，富含食用油；甚至以豆科植物的標準來說都是上好的蛋白質來源，不過不宜生食，因為它們含有妨礙消化的物質。

　　隨著全球人口增加，對蛋白質和脂肪的需求迅速飆升，大豆已成為超級農作物。全世界大約四分之三的大豆作物以及與之輪種，喜歡氮肥的玉米（參閱第一八二頁），都用於飼養動物——它們的肉最後都進了我們的肚子。這種做法效率低下到令人難以置信；相較之下，我們不如直接食用植物，以各種豆類、穀物、堅果和蔬菜取代飲食中大部分的肉類和家禽。大豆產量中約有五分之一用於食用油，人類僅只直接食用二十分之一，大部分是東亞；當地受了佛教素食主義的影響，會以發酵和凝結手法使大豆變得可口且容易消化。

　　發酵需要使用細菌、黴菌或酵母裡的酶，將複雜的有機分子分解成更簡單的化合物。最家喻戶曉的例子也許是從水果或蔬菜的糖製造酒精，但是發酵也能使大豆食品變得易於消化，產生令人垂涎的鮮味，並合成素食中可能缺少的維生素 B12。最被廣泛使用的大豆產品是醬油，它含有的穀氨酸是增味劑。無

論你喜歡味甜濃稠的「深色」醬油還是喜歡較鹹的「淺色」醬油，都值得花點心思尋找傳統方式發酵的醬油。較便宜的醬油版本是以水解植物蛋白爲基底，也就是「化學大豆」，並且缺少複雜的風味。

味噌是來自日本的二次發酵食品。黃豆醬、米或大麥、鹽和水混合之後，以米麴菌（一種麴黴）接種，萃取出部分糖分。然後將此酵頭添加到大豆中裝進大桶儲存一年或以上。除了營養豐富而且風味濃郁之外，當味噌加到熱水裡時，懸浮顆粒會形成悅目的規律對流柱；這個對流模式神奇地憑空出現，值得我們入神地觀察。

豆「奶」的製造方法是將大豆粉在水中煮沸，使油和蛋白質成爲穩定又有營養的混合液。這是類似乳酪的豆腐的基底，豆腐是由凝結的豆漿製成，而非動物奶水，在中國市場以大到不合理的板塊出售。在東亞，豆腐在飲食和文化上的意義等同於其他地方的乳酪和肉；人們享用它驚人多變的質地和微妙的風味，有如一張能夠讓人揮灑大膽色彩的畫布。

不論是整顆、經過發酵，或是凝結之後，大豆都是極好的食物，值得更廣泛的應用，特別是它能減少我們的肉類食用量。

中國

桂竹

Phyllostachys reticulata（舊名 *P. bambusoides*）

　　甘蔗（第一五六頁）可能已經算是高得驚人的草了，但若與一千兩百種竹子中的許多種相較又顯得矮了一截。竹子是最高大的草，在世界各地都能見到，尤其是在溫暖潮濕的氣候中。巨大的桂竹原產於中國，是了不起的植物。桂竹從地面向外張開的圓形根系垂直往上生長，個別的莖或「空心莖」可以長到二十五公尺（八十英尺）；在理想的條件下，每天可以生長超過一公尺（三英尺）。除了間距規律、微微外突的節之外，莖的寬度大約與手掌同寬，整根植株保持驚人的恆寬。對於某些人們來說，竹林中寂靜無聲，植株高得令人難以置信而且一致平行生長，具有鎮靜和大教堂般的氛圍；其他人則覺得有被困在巨大天然牢籠裡的不適感。

　　竹子的新生空心莖在成熟為溫暖的金色之前是祖母綠色，完美的顏色彷彿來自另一個世界，堅韌而有光澤的表面使真菌和昆蟲無可奈何。許多竹子能累積二氧化矽，也就是沙子，能增加莖的強度，同時阻卻草食動物；有些竹子儲存的二氧化矽數量之多，當人們以斧頭劈砍竹莖時，甚至會發出美麗的火花。少數品種的二氧化矽會積聚在竹節中，形成堅硬半透明的塊狀物，稱為竹節石，具有蛋白石的光輝。在反射光照射時，它會如藍寶石般發出泛藍光澤，但背光的時候又閃爍著金絲雀黃和芥末黃，被認為具有魔力；它在印度、中國、阿拉伯之間作為交易貨品，並用於傳統的東方醫學，用於治療咳嗽和氣喘、解毒劑，還有——你應該一點都不驚訝了——催情藥。

　　竹子通常會自行複製，以地下莖無性繁殖，但只是偶爾如此——以桂竹為例，是在生長幾十年之後才開花。不顯眼的棕褐色和卡其色小花一縷一縷，僅僅因為稀有才會引人多看兩眼。竹子在產出大量種子後就會變弱，經常因此死亡。但令人驚訝的是，有些竹子品種無論置身在世界哪個地方，只要是出自同樣的基因群，就會同一時間開花。即使是從老年親株扦插而成的年輕竹子，也會和親株一起開花甚至同步死亡。有些人可能認為生長在同一個地點的植株們具備某種同步開花的方法，但是生理時鐘如何在這麼長的時間內運作，引致遍布各大洲的竹子一起開花，這實在是一個有趣的植物學之謎。然而，竹林大量開花以及隨後的集體變弱或死亡之後，會導致竹子變得稀少且昂貴，突然的花

期還會帶來大量老鼠——之後是不可避免的饑荒和疾病。可以想見的是，竹子開花在許多文化中都被視爲不祥的兆頭。

竹子作爲材料的科學原理比較不神祕，但仍然很特殊。它的莖基本上是空心管，與重量相較之下是極爲堅固的。這些管子本身是由複合材料以神奇的方法構成：縱向纖維穿過蜂窩結構的材料，最強的纖維位在最外緣。纖維本身是由縱橫交錯，更小的微細「原纖」層構成。這種複雜的結構賦予竹子巨大的拉伸強度和非凡的抵抗屈曲能力。

有了唾手可得的桂竹，中國人最先開始嘗試建造橋梁、灌溉設備、輸送液體的管道，以及消防水槍。竹條製成的彈簧用於自動機器和機械玩具；經過雕刻的竹子製成磨坊的耐磨齒輪。它非凡的品質也啓發了其他人的發明：一八八二年，湯瑪斯·愛迪生（Thomas Edison）發現碳化的竹纖維夠堅固，可以做成世界上第一批電燈泡的燈絲。如今，竹子生長迅速、質輕、結實、易於加工的特性，使人們基於上千種用途栽培它，從不起眼的筷子到家具和建築。桂竹是可以無窮盡再生的結構材料，在許多亞洲國家，其空心莖常常被捆紮在一起，一次多達幾百甚至幾千根，作爲高樓的建築鷹架。它們提供了堅固而又吸引人的有機結構，與現代摩天大樓銳利的線條形成對比。

竹子長存於東亞人民的心中；以水墨畫成的竹葉、中國和日本書法中優美的筆劃都需要類似的高超技巧；日本尺八吹出的小調音符充滿空靈和感傷，在傳統中是由戴著蘆葦深編笠的虛無僧侶吹奏以示無我，往往令人聯想起竹林間的風聲。沒有竹子，就不會有那些身分嬌貴，與眾不同的素食大熊貓，牠們已成爲呼籲人類必須保護野生動物的全球性象徵了。

日本

紫菜（海藻）

Pyropia yezoensis

　　紫菜是日本重要的糧食作物。從空中俯瞰，九州西南部沿海養殖場就像奇特而美麗的抽象圖案，如拼布一般順著海岸綿延。近距離看，紫菜李子色的精緻葉片有如半透明的手帕，因爲它們只有一個細胞的厚度。

　　製作乾燥紫菜的傳統是受到十八世紀的日本造紙工業啓發。海藻收成之後搗成紫色的漿，在鋪了紗布的框架中乾燥，成層疊起。紅色的色素會在這個過程和之後的烘烤中乾解，顯出綠色的葉綠素。最終的顏色取決於溫度、海藻生長的海水礦物質含量、之後的處理手續三者間的化學作用；最好的紫菜有超乎尋常的光澤，並且是我們能想像出的最深的綠色。用它來包壽司或撒在麵條上，酥脆卻入口即化，鮮味兼具泥土和海洋的芳香。

　　傳統上，紫菜是採集自大自然或從寒冷淺海處掛在竹竿上的網子上收成的。它的生長過程有如魔法，沒有人知道它究竟從哪來，因爲它與生長在陸地上的植物不同，似乎既沒有種子也沒有幼苗。它從很久以前就被人們視爲「賭博草」，因爲收成向來都是不可預測的。一九四〇年代後期，紫菜的收成量曾經一敗塗地。

　　同一時間在遙遠的英格蘭曼徹斯特，科學家凱瑟琳・德魯－貝克（Kathleen Drew-Baker）一直在研究一種相似海藻的生命週期，威爾斯居民會收集這種「青海苔」煮成不知爲何受歡迎的糊狀物「青海苔麵包」。一九四九年，由於大學政策將已婚婦女排除在研究職位之外，做無薪研究的德魯－貝克發表了她的關鍵發現：一種會在貝殼上形成粉紅色絨毛的神祕微生物，其實就是紫菜的獨特生命階段形態。有了這種認識，日本科學家開始接力研究，意識到颱風和農業排放的廢水已經破壞了能夠讓粉紅色絨毛生長的貝殼棲息的海床，進而發明了可靠的紫菜種植方法。如今，粉紅色的紫菜孢子在牡蠣殼上生長，懸掛在有精密控制生長環境的大水槽裡，之後再種在網中轉移到海裡，短短六週內就能收成。英國人幾乎不知道德魯－貝克女士，但是日本不但紀念她拯救了海藻產業，還親切地稱她爲「海洋之母」。

　　紫菜等海藻已經演化出在洋流中反覆屈伸的能力，是膠質的寶貴來源——包括用於醫學研究，培養細菌和眞菌標本的瓊脂。更誘人的是，紫菜中的瓊脂

也被用來製作具黏性、表現季節流逝的日本和菓子；和菓子的存在既短暫又神祕，正如同紫菜本身曾經帶給人們的印象。

日本

菊

Chrysanthemum spp.

　　雖然菊的原生區域從巴爾幹半島延伸到日本，但大多是在遠東地區演化；為了它們的花，中國已經至少栽培菊花兩千五百年了。如同雛菊，它的聚合花中心是由許多微小的小花組成，周圍是向外呈放射狀的「邊花」，由於大多數品種只會在至少有十個半小時黑暗的夜晚開花，所以在晚秋開放，為蕭瑟添一抹可喜的色彩。它們已繁殖成無數顏色和形式：單層和雙層，扁平或捲曲，甚至是植物界的貴賓狗──圓形絨球。

　　某些菊花品種有其用途，包括來自亞得里亞海東部的達爾馬西亞菊（也令人困惑地俗稱紅花除蟲菊〔*Tanacetum cinerariifolium*〕），黃色中心周圍是充滿活力的紫紅色邊花；還有來自高加索地區的小黃菊（*Chrysanthemum coccineum*）。它們的頭狀花序和種莢中含有除蟲菊酯──用於製造可生物分解、且對哺乳動物無毒的殺蟲劑，對昆蟲來說是速度很快（可憐的是一網打盡各種昆蟲）的神經毒物。這些植物還會散發一種費洛蒙，在阻止蚜蟲的同時吸引瓢蟲及其他捕食蚜蟲的益蟲。

　　在全球，菊是僅次於玫瑰的最受歡迎切花，雖然並非每種文化都以同樣的喜悅之情看待它們。菊在紐奧良、部分東歐地區以及特別是義大利代表哀悼。在其他地方則有快樂的含義，尤其是在遠東代表吉祥；並與回春和長壽有關，是象徵樂觀的圖案。在中國傳統繪畫中，菊（連同梅、蘭和竹）是「四君子」之一，被視為「尊貴的物種」。在日本，最高的國家榮譽是大勳位菊花章，無處不在的日本皇室家徽也是這種備受喜愛的花朵。日本秋天的菊花節中，如瀑布般的花朵與植株一同展示，經過特意修整之後形成放射狀的圓頂立在單一花莖頂端。略微使人不安，打扮成電腦遊戲角色的花卉假人與歌舞伎主角並列；菊花也與祥和優雅的菊酒（以清酒杯盛裝，上面漂浮著花瓣的酒）形成對比。如此的慶祝活動是極為日本的，結合了傳統和現代，尊重自然之餘也不忘將其雕塑一番。

日本

銀杏
Ginkgo biloba

　　銀杏是高大又瀟灑大氣的樹，可以活上一千年或者更久。其獨特而且不會誤認的扇形葉片在秋季會從發亮的鸚鵡綠轉成極美的深褐桴黃色。葉片的光輝又被螢光加強，也就是陽光裡的紫外線輻射光被轉換爲可見光，使老葉顯得生氣勃勃。銀杏有針葉樹罕見的特性：它每年都會落葉，葉片經常隨機脫落，使樹幹看起來像在金色海面上的船隻桅杆。一般認爲野生銀杏只存在於中國西南地區大婁山的保護區。幸好，千年來在中國、韓國和日本的佛教寺院中已經種植和保護銀杏，因爲銀杏被視爲神聖的樹，並理所當然地與長壽相提並論。

　　失去銀杏樹將是一場植物災難，因爲它是最驚人的倖存者——根據化石紀錄，它在兩億年前就已經演化而成。銀杏門植物曾經佔有全世界很大的植被比例，但大約在六千五百萬年前隨著恐龍全部消失了，銀杏是唯一存活的成員。爲了讓讀者更有概念：所有的針葉樹種是一門；所有的開花植物又是另一門。

　　銀杏有雄性和雌性之分，是針葉樹和更原始的蕨類演化殘遺特徵的奇怪混合。雄樹上類似柔荑花序的小型錐狀體會向風中施放花粉；如果幸運的話，花粉會落在雌樹類似小型綠色橡實結構（胚珠）滲出的一小滴液體上。花粉藉此被吸進胚珠裡，伸出一根管子吸收營養。幾週後，花粉粒破裂釋放出會游泳的精子，每隻精子大約呈球形，直徑小於十分之一公釐，靠著拍動的纖毛在受孕過程向前推進。胚珠接著發育成具肉質外皮的種子，看起來像是可愛的迷你杏桃，但其氣味，尤其是熟過頭時和被腳踩碎時，通常被人們客氣地描述爲餿掉的奶油。更準確地說，聞起來就像嘔吐物和狗屎合體。負責城市綠化的苗圃都會避免種植雌樹以免未來接到投訴，而僅將雄銀杏芽嫁接到小樹苗上。

　　將銀杏發臭的果肉洗淨後，堅硬的種仁看似大顆開心果。乾燥後將它們敲開，經過煮熟或烘烤會得到誘人的綠玉色白果，味道近似栗子。雖然白果多以酒吧小吃的形式出現，或是被納入東南亞烹飪中，這種「堅果」卻值得應有的尊重。它們含有毒素，人們給了它毫無想像力的名字「銀杏毒素」，一次吃超過一把會引起胃部不適、頭暈甚至抽搐，對孩子們來說特別嚴重。享受白果的方式是效法日本人用松針串起適量之後烘烤，品嚐的同時可以凝思銀杏的美麗和令人敬畏的血統歷史。

泰國

薑
Zingiber officinale（和 *Z. spectabile*）

　　薑屬（*Zingiber*）之下大約有一百五十種植物，大多數原生於南亞和東南亞潮濕地帶的常綠森林。它們的頭狀花序通常是圓錐形花冠，位於直接自土裡長出，與植株主體分開的莖幹頂部。黃綠色、頂針大小的小花，每次只能可憐兮兮地開一兩朵，每朵花下方有彎翹的紫色唇瓣。它有一個怪異的手足：觀賞性蜂巢薑（*Z. spectabile*），結構和質感看上去就像人造的，有如收音機天線或撥火鉗的塑膠複製品，在成熟過程中會從淺乳白色逐漸轉為夕陽擁有的所有色彩，是植物園裡古怪的焦點。

　　許多薑屬植物都有膨大的地下莖，氣味芳香，可用於調味和香料，以及民間傳統藥物。薑的地下莖類似豐滿、多節的手，如軟木塞質感的薄薄表皮，淡黃色的肉。人類在數千年間將這些「手」分開種入土裡；大自然裡並沒有野生薑。

　　在植物名中，拉丁文「*officinale*」的意思是「儲藏室」，意指修道院存放藥品的地方。某些傳統醫學幾乎將薑視為萬靈藥。臨床證據似乎已經證實它能緩解反胃、疼痛、消化不良和普通感冒症狀，雖然並沒有大幅科學試驗，部分原因是薑已經被廣泛使用，因此很難將其作為專利藥物進行商業開發。讓薑具有好吃辛辣味的化學物質對人類也可能有刺激性，特別是與口腔黏膜或其他黏膜部位接觸時。不道德的馬商濫用一種塞薑法：將薑塞入馬匹肛門內，使馬因為不適而活蹦亂跳。

　　薑聞起來具甜味和檸檬味，加上一點辛辣和霉的後味。美味的亞洲茱餚裡若沒有它，將是難以想像的；但在歐洲，薑被加進布丁甜點、烘焙食品和飲料中。它替薑酒增添香氣，促進血液循環並減少噁心，因此不難理解歐洲北方氣候帶的水手為何喜愛它。薑酒是麥可威士忌的基酒，能讓寒冷海面上的水手打心底變暖的雞尾酒，在其他環境下則不宜以此藉口牛飲。

印尼

椰子
Cocos nucifera

椰子樹是熱帶美好生活的代名詞，人類只需要對這種多年生植物付出最少的努力，就能滿足一長串的需求：食物和棲身之所；燃料和纖維；器皿，藥品和藥膏；以及能夠煮成甜糊狀的汁液，進而做成風味濃厚的棕櫚糖塊或發酵成棕櫚酒（參閱油棕，第六十八頁）。椰子對太平洋和東南亞文化的影響非常深，就連語言裡也有不同術語形容各個單一品種和微妙的成熟階段。椰子的起源可能在菲律賓和西南太平洋，先是在史前藉著海洋向外散播，後來又得到南島旅人們的幫助。自此之後，椰子被種植於整個熱帶地區，如今印尼已成為世界上最大的生產國。

椰子植株可以達到三十公尺（一百英尺）高，海邊的椰子樹樹幹呈灰色，又細又長，具有優美的弧度，往往朝水的方向彎曲，這個演化出的能力能避免植株居於其他植物的陰影下。蓬亂的樹冠由蓬勃的羽毛狀葉片組成；葉片會不斷更新；葉片每三年左右就會落到地上，生長出來替換的新葉最初會指向天空；落葉在樹幹留下的波紋圖案能顯示樹齡。在樹冠上，椰子樹的乳黃色花朵——緊密成簇的雄花和球狀的雌花——位於同一根細枝上。從授粉到收穫的時間大約是一年，在此期間，椰子形成三層外壁：防水的表皮會從綠色轉變成成熟的棕褐色；堅韌的纖維狀中間層；最裡面是我們熟悉的深棕色硬殼。從植物學的角度講，椰子是「核果」——類似橄欖或李子等等的果實，種子位於堅硬的外殼內。

許多使椰子能夠在綿延的沙岸上發芽的特質，也使它們對我們特別有用。纖維層能保護果實，留住空氣使其能漂浮，也是堅韌的椰子纖維的來源，用於編製繩索、刷子和門墊。在沙子上，這種纖維材料會成為海綿狀的生根介質，幫助幼苗穩固生長；（感謝老天）並使其成為適合的泥炭替代材料，用於園藝之中。在硬殼內部，幼苗生長所需的營養都儲存在胚乳中，是又甜又香的液體，也就是椰子汁；它清新爽口，是普遍飲用的飲料，與西方出於健康而哄抬的價格相比，椰子產地的椰子汁售價低廉得誇張。椰子汁在乾旱期是無價之寶，長途航行時更是生存必需品；每顆椰子含半公升（一品脫）或更多的椰子汁，更何況還包裝在乾淨衛生的容器內，若獨木舟傾覆時還能浮在水面。椰子

汁具有足夠的無菌性，若在緊急醫療情況沒有其他可用的靜脈點滴輸液，就可以使用椰子汁。

隨著果實成熟，椰子內部會形成乳白色的半透明層，可以用湯匙挖起，一般公認非常可口，除了那些吃到果凍質感會打哆嗦的人。有來自菲律賓的椰子品種馬卡普諾（Macapuno），充滿了果凍狀的果肉；將其切碎、加糖和裝瓶之後，有時會貼上令人食指大動的標籤「凝膠狀突變椰子」。但是大多數椰子品種的胚乳都會逐漸凝固，內壁覆蓋著耀眼的白色、肥厚的椰子肉。乾椰子肉（椰乾）是椰子的脂肪來源，曾經是商業市場上主要的植物油，雖然最終被棕櫚油和大豆油取代，卻仍然是一種有價值的商品。

椰子可以重達兩公斤（四‧五磅），植株可以不斷開花結果。勇敢的人會爬上樹頂採果，而不是等著它們掉下來，不過矮種椰子是以綁在竹竿上的刀刃收割。有點令人憂心的是，在泰國南部和馬來西亞部分地區會捕捉豚尾獼猴幫人類採集椰子，而且速度比人類快二十倍——每天可採多達一千六百顆椰子。

在十六世紀，葡萄牙的水手們稱椰子為叩叩（côco），意思是「露齒而笑」，也與「妖怪」同義，源自其三個芽孔形成的臉孔圖案。小苗會從其中一個芽孔後方的胚胎伸出，藉著吸取椰子儲藏的養分，使其在發展完全之前具有與其他植物競爭的優勢。幼苗透過椰子果實內奶白色的球形結構吸收水分和養分，該球形結構也叫做「椰子蘋果」，填滿整顆果實的內部空間。雖然市面上買不到「椰子蘋果」，它卻是可以食用，而且能夠解渴，口感爽脆。但是必須限量食用——因為發芽的椰子能長成樹，養活一整個家庭。

據說在極少見的情況下，椰子裡會形成一顆堅硬、球形或梨形的「珍珠」，在從前曾被東方世界的王子們珍藏為護身符。在十九世紀，著名的科學期刊證實了椰子珍珠的存在，並分析出純碳酸鈣成分——確實與真正的珍珠成分相同。但是，由於植物界目前尚無已知的相關凝積機制，當初的研究人員可能被矇騙了，或許他們分析的是來自巨大貝殼的掉包珍珠樣本。

如今，椰子果實在許多文化中都代表好運和多產，印度教的宗教儀式中隨處可見。這個地位很適合椰子，因為迷人的椰子可能是世界上最有益的樹。

馬來西亞
大王花
Rafflesia arnoldii

　　大王花是婆羅洲及其鄰近蘇門答臘部分地區極為罕見的寄生植物。它沒有根、莖或葉，絕大部分時間是利用花絲潛入宿主，一種叫做崖爬藤（*Tetrastigma*）的森林藤本植物；大王花自崖爬藤吸取水分以及所有所需的營養。它看起來並不會為害崖爬藤；的確，這兩種植物的共生關係如此密切，就連大王花都發展出類似崖爬藤的基因組成，可能是為了降低寄生時被排斥的可能性。

　　沒人知道大王花究竟花多久時間靜靜地發展，但是時不時地，它的萌蘗會穿過崖爬藤的外壁，在接下來的一兩年之內，於林間地面膨脹成捲心菜狀的花苞。最後，花苞會在短短幾天內爆炸性生長，開出世界上最大的單花，重量相當於幼兒，直徑可達一公尺（三英尺）（巨花魔芋〔titan arum〕有時會被稱為世界最大的花，實際上卻是由許多較小花朵組成的花序）。五片巨大的花瓣上灑著淡紅色的斑點，包圍著鐵鏽紅色、有如張開巨口的深淵、奇怪又不自然的內部盤狀結構，溫暖誘人，散發出腐肉氣味。整朵花營造出大型動物屍體的效果，雖然它不提供任何報償，卻是麗蠅無法抗拒的，所以大王花仰賴麗蠅為其授粉。（另可參閱第四十七頁，白星海芋。）

　　然而，大王花並非一輩子輕鬆度日：它的花苞能提供食物給豪豬和可愛至極的鼯鼠，獨特的雄花和雌花只維持幾天後就會分解成黑色的腐植堆，所以必須同時在麗蠅飛行距離內開花以利授粉。花朵透過以黏糊的花粉塗裹訪客，花粉生機能維持數週，增加原本便已微小的授粉可能性。如果雌性大王花奇蹟似地存活並且受了粉，果實就會從花朵下面開始緩慢生長；拳頭大小，看似放了很久的法國乳酪，其中包含數千顆小種子。這些種子的散播方法仍然是個謎：樹鼩可能吞下並散播種子；螞蟻可能被種子上可食的突出油體吸引，將它們搬走並儲存在地下巢穴中，種子再在崖爬藤的根部附近發芽之後伸進崖爬藤。

　　由於棲地流失，大王花成為瀕危植物。諷刺的是，它脆弱的繁殖能力也受到偷獵者的威脅，他們將其作為分娩後的女性傳統補品，或治療不孕症的藥方盜賣。

印尼

肉豆蔻
Myristica fragrans

　　肉豆蔻是生長非常緩慢的樹，最高可達二十公尺（六十五英尺），原生在印尼群島中曾被稱為香料群島或摩鹿加群島，現在則是馬魯古群島的潮濕熱帶森林。它的花朵雖然色淡而不起眼，卻香氣四溢，形狀像精緻的小罈子，果實是淡黃色的，具斑點，大約網球大小；一棵樹在一個產季中可以產出數千顆果實。在果實中心，光滑的內果皮裡是粗糙的肉豆蔻仁或「核果」，為知名的香料。它的味道很特別：溫暖、木質、異常獨特。磨碎後，種子內的精油會散發出來，再加上它獨具興味的複雜花紋，使香氣更增愉悅感。

　　包裹著閃亮種子的是肉質、如蕾絲般鏤空，血紅肉感的假種皮，外面又包著厚厚的殼。果實成熟後，外殼會裂開露出裡面華麗的假種皮，對肉豆蔻鳩來說是誘人的零食以及幫助散播種子的獎勵。假種皮就是被稱為「肉豆蔻衣」的香料，乾燥後會成為溫暖的米色，質地比肉豆蔻柔軟，味道更複雜。

　　肉豆蔻至少在兩千五百年前就到達了印度，當時的古埃及也知道它。它在西元十三世紀由阿拉伯行商首次大批運往歐洲，他們還將肉豆蔻的來源保密了兩百年。從前的肉豆蔻價格昂貴且令人嚮往：當然，它能使呆板無趣的食物變得鮮活有力，但也可以作為護身符佩戴，人們還相信它能減輕甚至治癒瘟疫。一五一〇年，李奧納多‧達文西（Leonardo da Vinci）在帕維亞之旅（Pavia）的備忘清單中就有「眼鏡盒和眼鏡、小折刀、紙張、手術刀。要拿到一顆頭蓋骨。肉豆蔻」。雖然那時葡萄牙人控制了歐洲貿易市場，壟斷權卻被荷蘭人搶走，並以強硬手段掌控肉豆蔻：偷竊、非法種植或銷售肉豆蔻會判處死刑；荷蘭人並用苛性石灰處理所有出口的肉豆蔻，以免它們在其他地方發芽。

　　十七世紀初期，英國人佔領了肉豆蔻的產地之一，現在的班達群島其中之一的盧恩島，但是最終卻被荷蘭人驅逐，並將當地肉豆蔻樹摧毀殆盡。英國人在一六六七年放棄了對該島的主權，以換取荷蘭在北美洲一個微不足道的前哨站——曼哈頓。

　　在十八世紀有傳聞，肉豆蔻除了能為平淡無味的食物添加刺激風味，還可以提高歐洲男士的生理慾望，於是他們便在口袋裡放著銀製或木頭雕刻的肉豆蔻磨粉器，磨粉器還內建足夠容納一顆肉豆蔻的夾層。從此之後歐洲對肉豆蔻

的需求變大，價格也水漲船高；大約在一七七○年，姓氏很妙的法國植物學者皮耶‧波夫（Pierre Poivre）將肉豆蔻走私到模里西斯，打破了荷蘭人的壟斷。這場冒險有可能是英國繞口令的起源：「彼得‧派珀摘了一把醃漬胡椒（Peter Piper picked a peck of pickled pepper）」。「Piper」是拉丁文的胡椒；波夫的姓，法文的「poivre」則用來概稱任何香料。英國人最後終於在大英帝國各處引進肉豆蔻幼苗，包括格瑞那達，該地至今仍然是最大的肉豆蔻出口國之一。

少許肉豆蔻能令人感到溫暖的愉悅，但一整顆或兩顆卻是危險的麻醉劑，有廣泛的報告指出它能引起幻覺。但是除非使用者走投無路了才會將其作為迷幻藥，因為它的副作用令人卻步：嘔吐、意識混亂、頭暈、心律不整。它向來只是不得已才使用的精神藥物；美國的非裔激進分子麥爾坎‧X（Malcolm X）在自傳中提及在一九四○年代的監獄中使用肉豆蔻；之後為了避免濫用，美國監獄廚房便禁止使用肉豆蔻；好幾個世代的學生都嘗試過，也基本上都失敗的：以便宜的價格達到有效的「肉豆蔻嗨」。

肉豆蔻最常見的誤用是在使用前太早磨成粉或加熱時間過長。這兩樁烹飪罪刑都會破壞它珍貴又容易消散的香氣。正確做法是在烹飪過程最後再磨肉豆蔻粉，如此，即使是米布丁也會變得美味無比。

澳洲

澳洲聖誕樹（或穆加樹〔Mooja〕）
Nuytsia floribunda

　　每年十二月，澳洲聖誕樹都不會辜負它的名字：盛放的樹有如一座亮著金橘色光芒的燈塔。每一束芳香的花穗上有幾十朵單獨的花朵，海葵花形映照著耀眼的陽光。豐富的花粉和花蜜會吸引昆蟲和捕食它們的鳥，樹葉則是袋鼠和小袋鼠的食物。

　　澳洲聖誕樹開花時的壯麗效果透過對比益形強烈：多層次的樹幹會被野火燒黑，高溫又促進開花並加速三翼果實的成熟，一縷一縷褐色的種子團自果實懸吊而下，等著風將它們分開並且帶走。如果種子無法繁衍，植物還可以從樹幹附近生出萌蘖自我複製。

　　澳洲聖誕樹的結構緊密，充滿活力，漾著生機感，令人難以相信它長在澳洲南部乾旱貧瘠的土壤裡。祕密在於它是世界上最大的寄生植物，水分和養分都是不勞而獲地吸取自鄰近植物。從技術上講，它是半寄生植物，因為它葉子能夠生產碳水化合物，但取得均衡養分的方式令人驚訝。

　　澳洲聖誕樹可以輕鬆地將探索用的根條伸到很遠的地方——一百公尺（三三〇英尺）是輕而易舉——沿著根條還會有側根分支。當它們在宿主根部感覺到適合的物質，就會長出甜甜圈狀的吸器圍繞住目標植物，有如結婚戒指。然後在圓環內創造微型液壓修枝剪，以鋒利的木質片切斷宿主的根部。澳洲聖誕樹將自己的根系附著在宿主的根系上，綁架行動就此完成。很巧的是，引發它攻擊別種植物的相同化學物質也存在於各種塑膠材料中。澳洲聖誕樹就像某種科幻小說裡的植物，會尋找並且破壞電話線、切斷電纜的絕緣層；小小地調整人與植物之間的權力平衡。

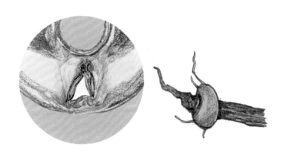

草樹或巴爾加
Xanthorrhoea preissii

　　草樹有近三十種，全都原生於澳洲。它一年只長一根手指寬的高度，所以一株與人等高的草樹可能已經有兩百歲了。由於人們說它的輪廓有如拿著長矛的原住民，所以過去常被稱爲「黑男孩」（而今卻被視爲冒犯）；巴爾加（Balga）是努恩嘎語（Nyungar）裡的該植物名稱。

　　草樹粗糙的莖幹支撐著濃密如草的葉叢，而且常常被火燒焦，是澳洲西南部灌木地區的標誌植物。該地區是由野火形成的棲地，草樹適應得特別好。草樹與眞正的樹不同，樹幹是由粗短的剩餘葉片基部形成，厚實可以絕緣的外皮包圍著內部的活莖幹。草樹密集的樹冠可以保護植株正在生長的尖端，使其保持涼爽，能夠在大火中存活並且成爲數十種昆蟲和動物的可靠庇護所，其中包括一種迷你有袋動物——眼睛永遠睜得大大的黃袋鼬。

　　火會刺激草樹開花。野火洗禮之後，草樹是最先開花的植物之一，爲焦黑的大地帶來生意盎然的色彩。一根無葉的莖就像拐杖，從樹冠上垂直伸出。附在莖幹頂部的花穗可以長如掃帚柄、粗如手腕。草樹燦爛的花序由數百朵無莖的細長狀花朵組成，花爲乳白色星形。花蜜能吸引昆蟲和銀繡眼鳥；授粉之後結出的堅硬蒴果具有桃花心木的深棕色，有光澤和尖端。

　　努恩嘎原住民習慣利用草樹的多個部分，它已成爲他們的創造力及與自然持續共生的象徵。花梗被做成矛頭；花朵泡在水裡成爲清涼的飲料，有時還會做成發酵飲料；從樹幹根部收集的樹脂（xanthorrhoea，意爲「黃色液體」）可以在加熱後以模子壓製，配上木柄成爲斧頭，也能作爲防水維修材料；此外還有富含油脂、住在腐爛植株中心的雨蛾幼蟲巴迪蟲（bardi），是極爲滋養的當地食材之一，烤過之後吃起來像栗子。

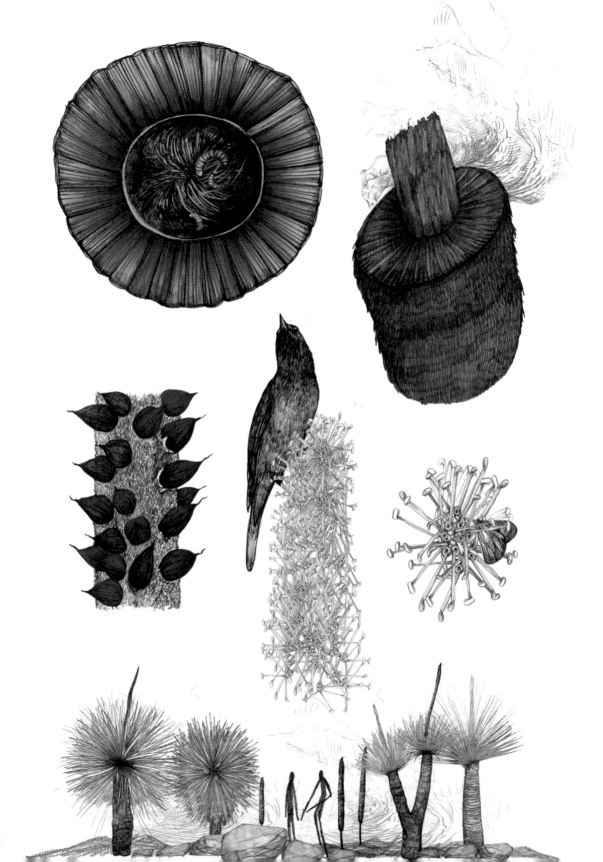

澳洲

罌粟
Papaver somniferum

　　罌粟是製造嗎啡、海洛因和其他鴉片製劑的原料，原生於小亞細亞，而阿富汗是大多數非法貨源。為了供應製藥產業，罌粟大量種植於土耳其、西班牙、尤其是澳洲塔斯馬尼亞島州廣大且受到保護的土地——塔斯馬尼亞是全世界最大的合法罌粟生產者。

　　罌粟與腰部同高，藍綠色的葉子有鋸齒邊緣，肉質的莖，比常見且無害的橙紅色表親「普通罌粟」更結實，雖然兩者的花朵結構很類似。它的花瓣從淡紫丁香到紫色都有，接近花心處有深色斑塊。花朵很薄，就像皺巴巴的面紙，如雕鑿而成的壺形蒴果有一個具皺褶的蓋子，能像胡椒罐般撒布細小的黑色種子。這些種子產出的食用油與蜂蜜一起搗爛後能做為美味的糕點內餡，還有麵包（非常無謂的）表面裝飾。雖然在吃了撒上罌粟籽的貝果一週之後藥檢仍會呈陽性，罌粟籽裡的鴉片劑含量卻少到無法引起任何明顯的生理作用。但是，若用刀片刮未成熟的綠色蒴果，卻會滲出具有藥物效果的白色乳膠。這種乳膠會乾燥成黏性棕色樹脂，也就是鴉片。

　　鴉片的成分之一是嗎啡，為罌粟防禦機制的一部分。用於人類，它可作為鎮靜劑，也能模仿腦內啡：人體內自然存在的激素，是功能強大的止痛藥，也能產生歡愉效果；但是使用過量會導致呼吸緩慢和窒息死亡。除嗎啡外，鴉片中的其他物質可用作肌肉鬆弛劑、消炎藥和止咳藥，價值不菲，並用於製造許多其他藥物。

　　作為少數幾種有效的止痛劑，鴉片已經被人類使用了至少七千年。在古希臘，它是眾所周知治療焦慮、失眠和疼痛的藥劑，但也因其危險性而知名；罌粟被獻給夢神摩爾甫斯（Morpheus），也被獻給睡神修普諾斯（Hypnos）和死神桑納托斯（Thanatos）。到了十九世紀，雖然鴉片在歐洲和北美已經被普遍理解為高度易成癮的藥品，社會上卻仍然可以接受，人們會在豪華的地下「東方」鴉片館裡吸食，或溶解在酒中成為所謂的鴉片酊。鴉片是埃德加・愛倫・坡（Edgar Allan Poe）等作家的最愛，尤其是塞繆爾・泰勒・科勒律治（Samuel Taylor Coleridge）。的確，他的詩〈忽必烈汗〉（Kubla Khan）或〈夢中異象〉（A

Vision in Dream）公認是自鴉片酊得到的靈感——在他的創作生涯最高峰時每週會過量地喝上幾品脫鴉片酊。

　　十八和十九世紀，鴉片在中國非常受歡迎，由於需求量遠超出當地所能供應，於是東印度公司——本質上是英國政府的貿易部門——便敏銳地積極介入，從英屬印度的種植莊園出口鴉片，支付向中國買茶、絲綢和香料的費用。歷屆中國皇帝們都試圖限制鴉片進口，認為鴉片使人民上癮，破壞經濟和公共道德。但是，鴉片是當時世界上最有價值的交易商品，持續透過組織完善的網路走私進入中國。一八三八年，中國皇帝企圖完全禁止鴉片，截獲成噸的鴉片之後全數倒入海中。英國的回應是發起第一次鴉片戰爭，封鎖和轟炸中國港口，直到滿清皇帝屈辱地低頭。在隨後的和解條約中，中國付出了巨大的賠償，並將香港割讓給英國。鴉片貿易重新活絡起來後，到了十九世紀中葉，中國男性人口中的四分之一有抽鴉片的習慣。一八五四年第二次鴉片戰爭迫使中國進一步開放通商貿易，其中包括鴉片毒品。鴉片戰爭不能算是英國最光彩的一段歷史；不難理解，這段屈辱的經驗仍然影響中國的外交政策，尤其是處理香港時的外國干政態度。十九世紀的犬儒政策同樣發生在美國，目的在於最大程度地擴大鴉片市場：在藥品公司的鼓吹下，醫生的鴉片類藥物（opioid）處方量嚴重超標，它與鴉片都來自同一種誘人和難以抗拒的植物。

銀葉蕨或彭加
Cyathea dealbata

　　蕨是性喜陰暗潮濕的植物，紐西蘭潮濕的森林中有很豐富的蕨類，大約兩百多種。銀葉蕨又稱彭加（Ponga），可以緩慢地長到十公尺（三十英尺）高，從中央放射出傘狀的優美拱形葉片，每支葉片可以長到獨木舟的長度。葉片從緊縮、螺旋狀捲起的渦形嫩葉慢慢伸展開來，是毛利人常使用的設計主題，稱為「koru」，象徵成長和更新。死葉脫落之後，會將葉子基底留在粗糙的樹幹裡，寬幅可與大腿等粗。隨著葉片成熟，葉背會變成白色甚至銀色；摘下葉片後將閃亮的葉背朝上沿著林間小道兩旁放置，就成了能反射月光的明亮路標。

　　但是，這只是我們所欣賞的高大銀葉蕨的半個面向。它們的葉片背面有美觀又異常規律的棕色杯狀孢子囊圖案，是生產粉塵狀孢子的結構體。當這些孢子進入潮濕的表面並且發芽之後，就會變成蕨類的另一個生命階段——看起來不起眼的心形植物，叫做原葉體，約為指甲大小。原葉體可能是雄性或雌性，或者經常同時雌雄兼具（這是基於聰明的化學信號，確保良好的性別組合）。原葉體平平地生長在地面，並在潮濕的底面生出微小的性器官。雄性性器官會產生精子，具有會拍打的毫毛，稱為鞭毛。只要有薄薄一層水（這就是為什麼沙漠裡沒有蕨類植物），精子就可以游幾公釐的距離抵達雌性性細胞，它們會一起長成新的蕨類植株，而原葉體會在這個過程中死亡。

　　濕潤的不列顛群島也有很多蕨類植物，而且英格蘭在一八四〇年代的維多利亞時代陷入「蕨類狂熱」，這股迷戀持續了半個世紀。蕨類植物在許多方面都吸引了維多利亞時代的感性眼光。它們具有內斂和令人感到自在的秩序感；小葉的形狀通常與整片葉片重複，繁殖方法細微又謹慎，沒有任何露骨的花朵性別之分，或是對鳥類和蜜蜂的需求。更方便的是，蕨類植物可以在工業化城市中大規模住家的陰影裡蓬勃生長；在銷售手法上，它們成功地被包裝成特別適合智識和洞察力高人一等的人們。

因此，收集蕨類植物成為全國性嗜好，既安全又健康。查爾斯‧狄更斯（Charles Dickens）為了激起女兒對事物的興趣，鼓勵她養殖蕨類。尋找蕨類的派對成為很受歡迎的社交活動，男女可以混合在一起，由提著野餐籃的助手陪同。蕨類書籍和研究會社激增，同時還有蕨類植物用具：種植用的玻璃箱、壓平以及保存的設備。專業人士在鄉間瘋狂搜尋稀有蕨類，然後挨家挨戶地兜售，使得某些品種就此滅絕。對新穎品種的渴望，使人們開始注意大英帝國其他領域的蕨類植物。

英國收藏家推動了旺盛的紐西蘭蕨類交易。包括紙板、壓平的植物、植物標籤的配套商品讓人們可以自己動手做；高階客戶則可訂購特製的木箱，裡面有事先種在太平洋造景之間的蕨類樣本組合。這些造景箱裡已經有活孢子，可以作為移動苗圃。所有這些商業活動都促進了蕨類相關的旅遊。蕨類養殖場被打造起來了，還有專門給英國遊客的指南和手冊、推銷觀賞蕨類植物的最佳地區，以及何處可購買蕨類商品——手工藝品照片和小擺設。到一八六〇年，曾經是野生而且受尊重的銀樹蕨在英格蘭被譽為「理想的花園觀賞植物」。然而就在維多利亞女王於一九〇一年去世後，這股熱潮隨之消退。非常紐西蘭的銀蕨葉片如今裝飾著備受喜愛的紐西蘭國家橄欖球隊黑衫軍的球衣，是無處不在的國家象徵。

紐西蘭

吊鐘花樹或扣土庫土庫
Fuchsia excorticate

　　不同於內斂的歐洲和北美吊鐘花，紐西蘭吊鐘花樹是氣勢磅礡的樹。它偶爾能長到十五公尺（約五十英尺）高，是世界上最大的吊鐘花，樹幹驚人地粗糙，如紙一般的樹皮會剝落成赤褐色的條狀，茂密的綠色葉叢背面閃耀著令人喜悅的銀色光芒。對於數百萬年來一直是溫帶氣候的紐西蘭來說，吊鐘花是很罕見的植物，它的葉片也已經能夠終年發揮化學魔法，使它成爲落葉喬木。這驚人的一點足以使毛利人發明這句諺語：「*I whea koe i te ngahorotanga o te rau o te kōtuku*」——逐字翻譯的意思就是：「吊鐘花樹落葉子的時候，你人在哪裡？」（意爲：「爲什麼當我們需要你的時候，你卻不在？」）

　　吊鐘花樹以向下垂墜的花朵聞名，通常是粉紅和猩紅雙色，典型的功能爲向鳥類廣播「甜美的花蜜在此」，以交換授粉服務。但是，在植物中不常見的是：吊鐘花樹的紅色信號是要鳥類光顧別處。它的花朵根據固定的時間表變化顏色；一開始的綠色時期充滿花蜜，然後變成紫色，等花朵授粉完成沒有花蜜時就變成紅色。鳥類已經學會避開徒勞無功的造訪，因之兩者都省了一番力氣。

　　與花的其餘部分形成鮮明對比的是明亮的靛藍色花粉，具有黏性，非常適合圖伊鳥和鈴鳥；當牠們穿梭其間在花朵中覓食時，頭部會被輕輕撢上花粉。紐西蘭在與歐洲接觸之前，藍色染料是很稀有的，據報導，年輕的毛利人會收集這種黏性花粉，用來畫嘴唇和裝飾臉部。

　　紐西蘭絕世而獨立的植物特別容易受到外來害蟲的侵害，因爲牠們可能沒有當地掠食者；或者植物從未遭受過外來疾病，並未進化出抵抗力。在一八三〇年代，歐洲拓荒者爲了建立毛皮產業，將原產於澳洲的刷尾負鼠引進紐西蘭。刷尾負鼠在家鄉澳洲的數量受到蛇、澳洲野狗和叢林大火的控制，甚至還受到省級保護。但是在沒有天敵的紐西蘭，牠們肆無忌憚地到處跑，貪婪地大啖吊鐘花樹的葉子。幸好，一項控制負鼠數量的行動得到了效果，確保吊鐘花樹仍然會是鳥類的家。這些鳥的鳴叫聲極類似於毛利語中的吊鐘花樹名字：扣土庫土庫。

萬那杜

卡瓦醉椒
Piper methysticum

　　在一七七〇年代，約翰・格奧爾格・福斯特（Johann Georg Forster）是詹姆斯・庫克船長（Captain James Cook）率領的太平洋探險隊裡的博物學家；他觀察到島民們似乎因爲飲用取自某種植物根部的未發酵液體而變得醉醺醺。該植物就是卡瓦醉椒：叢生灌木，有手掌大小的心形葉子和帶斑點的莖，莖幹被深色環分成節段（如同竹子）。福斯特辨識出卡瓦醉椒是生產香料的胡椒植物親戚，遂將其命名爲「*Piper methysticum*」——令人陶醉的胡椒。

　　卡瓦醉椒可能原生於萬那杜，是約有八十座島嶼的群島，據信它已經在三千年前被馴化，隨後透過人類遷徙，經由海路傳播到整個大洋洲。這些海洋旅者的大雙體船是會漂浮的苗圃；除了卡瓦醉椒之外，船上還滿載食用植物，例如香蕉、芋頭和麵包果，可以撐過漫長的海上航行。在潮濕的熱帶氣候中，農作物能夠以插條形式迅速在新的土地上繁衍。但是，經過數世紀人工選種，某些物種失去了開花能力並且無法有效地結出種子；所以卡瓦醉椒現在完全依靠人工繁殖。

　　卡瓦醉椒最佳的生長高度是海拔一五〇至三〇〇公尺（五〇〇至一〇〇〇英尺）之間，所以人們得沿著崎嶇火山地形上陡峭、雨天還會打滑的小路，上山照顧卡瓦醉椒。植株大約四歲時會以手工採收，將整株植物拉出地裡，將沉重的根團和靠底部的莖幹在陽光下小心曬乾。

　　之所以要費這些麻煩的功夫，是因爲卡瓦醉椒在儀式和社會裡極大的重要性。它含有卡瓦內酯（kavalactones），這種樹脂狀的化學物質是精神藥物，可以透過胃壁吸收，不過樹脂微滴必須夠小。加工過程被福斯特描述爲「我所能想像最噁心的方式」，傳統上是由處女和（有時候）處子完成的，他們會共同咀嚼卡瓦根塊，將嚼爛的渣滓吐到卡瓦碗（*tanoa*）裡。雖然如今卡瓦的根經常是用死掉的珊瑚塊在木板上磨成粉，過程卻仍然高度儀式化。無論哪種方式，混合物裡會再加入水或椰奶，揉搓之後過濾。最後得到的渾濁灰色乳狀液體口味略酸，且具相當程度的苦味。人們一口氣喝進椰子殼裡的卡瓦酒後會馬上啐掉一口，同時配上「*tamafa*」祝詞，也就是對飲者祖先的祝願。

　　喝下卡瓦酒之後的第一個反應是嘴巴和嘴唇的些微麻木感，緊接著是非常

舒暢、能夠快樂交際的心情，再加上平靜卻驚人的清醒感。服用更高劑量會使人昏昏欲睡，腳步踉蹌；但與酒精相反的是，飲者並不會變得喧譁或好鬥；因為痛飲一兩口卡瓦酒能使飲者看誰都很順眼。飲用卡瓦酒的幾乎都是男性──在人生階段儀式和宗教儀式中，以及歡迎尊貴的訪客時。不過，平常它是在黃昏時飲用的，熟人們圍著小火堆，一邊喝卡瓦酒一邊平靜地聊天。

基督教傳教士竭力禁止卡瓦酒，反對理由是島民將其與祖靈和神祇連結在一起的「異教信仰」。卡瓦酒在殖民和傳教士時期時的衰落，與獨立後的捲土重來形成鮮明對比，這也就是為什麼英國女王和教皇訪問當地時公開啜飲卡瓦酒具有非常重要的象徵意義。

卡瓦醉椒安全嗎？二十世紀末關於西方人使用卡瓦之後傷肝的報導，導致許多國家限制卡瓦醉椒的進口和銷售。然而，這些案例似乎與使用溶劑萃取出大劑量草藥成分、並將卡瓦與其他藥物和補充劑混用有關。最近的研究顯示，偶爾以傳統方式享受卡瓦，可以作為無害的娛樂性用藥。

幾個太平洋島國政府正在鼓勵為製藥公司種植卡瓦醉椒開發新的藥物療法，針對由於工作和生活方式而容易失眠和焦慮的人。對於島民來說，卡瓦醉椒和卡瓦內酯從古至今都像是提供人們暫時的休養之處，讓人沉靜下來、放鬆之後安然入眠。相形之下，難裝入藥瓶裡的是卡瓦使用經驗的性靈和社會層面意義。

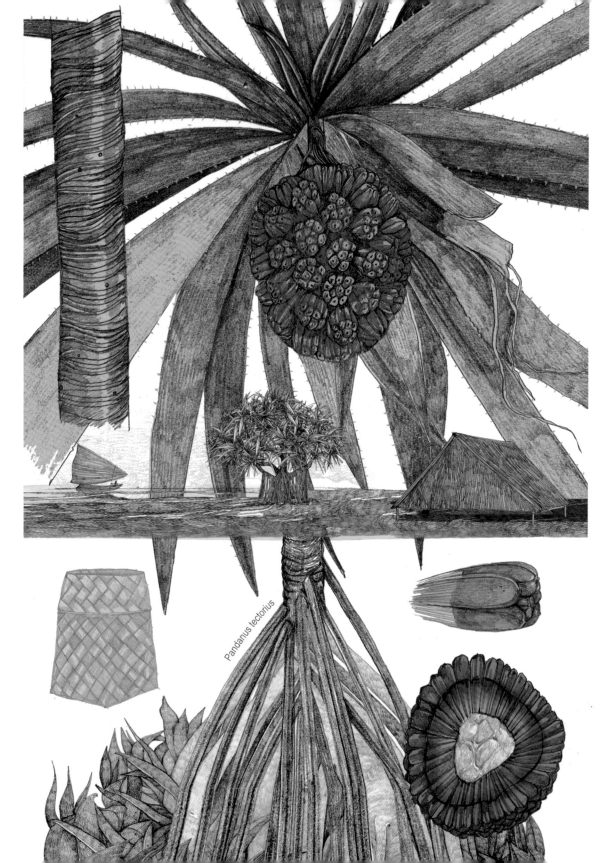

Pandanus tectorius

吉里巴斯

露兜樹

Pandanus spp.

在熱帶非洲、東南亞和大洋洲的六百五十個露兜樹品種通常生長在潮濕的沿海地區、島嶼和珊瑚環礁上。對於太平洋諸島，它們從每個面向看來都和椰子同等重要：提供食物、纖維、建築材料、藥品和棲身之處；它們還能防止海岸侵蝕，用作防風林並標記地界。露兜樹通常都有支持根——圍繞基部一圈的裙狀支撐性根條——使人想起紅樹林，雖然兩者之間並沒有關係。露兜樹的英文通名「螺絲松」源自螺旋形排列的葉子和某些品種的巨大鳳梨狀果實。它們堅硬而富纖維的葉片呈劍狀，邊緣鋒利。在新喀里多尼亞，烏鴉已經學會剝掉葉片上有刺的部分，作為深入縫隙和鉤出昆蟲幼蟲的工具——這是我們所知除了人類之外，世界任何地方所能發現最複雜的覓食工具運用方法。

露兜樹有雙重散播策略：種子可以完好存活於淡水或海水中，因此可以移動於島嶼之間，但是螃蟹、蜥蜴、齧齒動物、各種鳥類和人類也都受到果肉吸引，進而幫助散播種子。

林投（*Pandanus tectorius*）在吉里巴斯被稱為「*tekaina*」，原生於澳洲昆士蘭省，但已遠播至整個太平洋地區。果實呈圓形，在幼時由一百或更多顆緊靠在一起的楔形核果組成堅固的果體，成熟時中心會轉變為橘紅色。切開後，內部結構看起來就像一顆星球的地質模型。核果根部具有略微黏稠的質地以及類似甘蔗和芒果的誘人味道，是常見的社交零嘴；它們通常含有豐富的維生素 A 和 C，也有大量的卡路里，食用時往往伴隨著抽菸和八卦。林投果也可以經過烘烤乾燥製成「*mokan*」，一種帶有椰棗香味的甜果泥，從前人們會將它儲存起來以備饑饉時或漫長航程中食用。在吉里巴斯，人們仍然將林投果泥作為心意送給即將遠行的親朋好友。

露兜屬植物的另一個成員「*P. amaryllifolius*」，也就是香蘭，因其類似乾草的香氣而常常用於東南亞烹飪之中。令人困惑的是它被描述為「亞洲的香莢蘭」，卻一點都沒有香草味。泰國米裝在香蘭葉編成的小籃子裡蒸煮，能使米飯散發香蘭的香味。它也能為鮮綠色的香蘭海綿蛋糕帶來微妙的草香、花香和鮮豔的色彩。

在巴布亞新幾內亞，被當地人稱爲「*marita*」的錐露兜「*P. conoideus*」具有非常壯觀的果實，形如魚雷，顏色像英國郵筒的紅色，每顆都誇張地長如男子的腿。用柴刀切開後，以葉片包裹放入土窯烘烤，再用手將富油質的朱紅色果肉與水一起揉搓，使果肉與種子分開，最後做出味道衝鼻的醬汁；除了用於烹飪之外也被裝瓶販售，搭配一大套冠冕堂皇，對健康有益的宣稱。

卡魯卡（當地語「*katuka*」，學名 *P. julianettii*）是沉重、足球般大小的新幾內亞品種，果實生有數百顆長如中指的尖頂核果。這些核果的種子風味酷似核桃，備受珍視，其油分和蛋白質含量異常高，使得整個農村裡的家庭，包括豬和人口都會在卡魯卡收成季節遷徙至高地。雖然「露兜樹語」正漸漸式微，採集卡魯卡的人們卻經常使用這種特殊的語言溝通；該語言僅用於採集活動中，特別是當採集者從人工耕作的小塊農地進入罕有人跡的林地時。露兜樹語是爲了安撫邪惡的靈魂，有自己的文法和大約一千個繁複的詞彙，避免使用任何被摒棄的果實特質詞彙，比如水分多到淡而無味，或不吸引人的味道和質地。

露兜樹屬（*Pandanus*）植物在世界其他地方少有人知，卻深深根植於大洋洲人民的文化和生活裡。其中最重要的也許是早期的海洋旅者以露兜樹葉編成帆推動遠洋獨木舟，在廣闊的太平洋區域中探索並定居繁衍。

Pandanus julianettii

P. conoideus

馬克薩斯群島（法屬玻里尼西亞）

燭果樹或石栗
Aleurites moluccanus

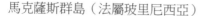

　　燭果樹原生於東南亞，是可愛的圓形遮蔭樹，常綠的燭果樹在數千年前便經由原住民散布於太平洋各地。它的葉子上點綴著細毛，從遠處看，淺色的葉片背面使葉叢呈現獨樹一格的銀綠色外觀。小而芬芳的花朵為簇生型態，每朵花都有精緻的五片白色花瓣，圍繞著陽光般的金色花心。其果實大小有如斯諾克撞球，成熟後轉為土棕色，兩顆淺米色種子，包在有斑紋如紙一般的殼裡。這些「堅果」富有油脂，點燃後的火光很明亮，「燭果」之名由此而來。

　　燭果樹是夏威夷的州樹，當地稱之庫庫依（*kukui*），人們用它的油治療皮膚乾裂和燒傷，核果會被雕刻成漂亮的鍊墜，或掛在繩子上製成稱為蕾（*lei*）的花環。雖然核果生吃時會產生令人不舒服的腹瀉作用，烘烤過與鹽一起搗碎後卻能製成調味鹽（*inamona*），是夏威夷蓋飯（波奇飯〔*poke*〕）的重要調味料；夏威夷蓋飯裡有許多大塊生魚，風味宜人。然而，我們可以說燭果樹最重要的貢獻是刺青藝術——英文的刺青（tattoo）便是玻里尼西亞語。

　　刺青用的墨水製造過程是點燃曬乾的燭果，將貝殼、平坦的石頭或空椰子殼置於黃色的火焰上方。燒完後得到特別細密的煙灰再與椰子水混合（幸好椰子水無菌，參閱第一二一頁）。刺青不僅帶有宗教儀式色彩，也是英雄才能忍受的痛苦萬分，有時甚至致命的過程，因為刺青藝術家和團隊通常使用未經消毒的木梳、龜殼、人骨和鯊魚牙齒。從刺下第一針到傷口癒合，這場苦難可能持續數月，因此面積龐大、錯綜複雜的刺青表示當事人的耐力值得眾人尊重。

　　每個島國都有其代表圖紋：毛利人的渦紋、所羅門群島的軍艦鳥造型，馬克薩斯群島的圓拱和圓圈等等。常用的圖案能表示社會地位和家族史，有時還會配合生活經驗，在數十年的歲月中加入新元素。例如，眼睛周圍的螺旋代表曾經在戰鬥中（或是在面對刺青師傅的刺青工具時）有英勇表現。馬克薩斯群島島民的一生中，眼瞼、鼻孔內部，甚至令人震驚的牙齦都可能有刺青。

　　在一七六〇年代末，詹姆斯‧庫克船長和博物學家約瑟夫‧班克斯（Sir Joseph Banks）的報告表示曾經看見帶有「*tatau*」的人（在當地的意思是「做標記」），他們的許多船員身上也帶著玻里尼西亞的刺青回航。自此之後刺青開始風行，到了一八三〇年代，大多數英國港口至少都有一位全職刺青師。在南太

平洋，刺青藝術於殖民時代逐漸減少，最近又被視爲重要傳統而復興起來（與卡瓦同時再度興盛；參閱第一三八頁），使人回想起刺青曾是當地人自豪地公開展示歷史和文化的方式。

阿根廷

巴拉圭冬青
Ilex paraguariensis

　　巴拉圭冬青原生於南美，是常綠灌木；一有機會就能長成為強壯的樹。它的小簇花朵有如泛白色的人造衛星。與其近親歐洲冬青（*Ilex aquifolium*）非常類似的一點是，它也有鳥類喜歡的猩紅色果實。不過對於人類來說，食用價值最高的部分是葉子。其葉片堅韌、有光澤且往往具鋸齒邊緣，富含藥用咖啡因和其他有用的化學物質。早在西班牙人殖民之前，瓜拉尼人和圖皮族人便已經習慣使用巴拉圭冬青，將其視為能有效提升力量和振奮精神的飲料。如今，它已成為橫跨巴西南部、巴拉圭、烏拉圭和阿根廷北部非酒精飲料的首選。

　　巴拉圭冬青的葉子先在明火上快速加熱，然後以木頭煙燻緩慢乾燥，經過長達一年的熟成之後才磨碎。與茶、咖啡和可樂等其他富含咖啡因的植物一樣，這種瑪黛茶（*yerba maté*）也是社交飲料，並有專屬的沖泡用具和習慣。通常是在裝飾精美的小型葫蘆內放進巴拉圭冬青葉，注入熱水沖泡而成；口味含有令人愉悅的振奮作用，還有明顯的煙燻味和獨樹一格的苦味。沖泡完成的瑪黛茶會以尾端附過濾器的金屬吸管邦比亞（*bombilla*）在朋友之間傳遞飲用或於街頭啜飲。冬青葉片禁得起反覆浸泡，所以售報亭和加油站都有免費加水站供人們補充熱水。

　　近期有科學研究證實原住民知識的正確論點，表示巴拉圭冬青中的化學大雜燴可以增加我們在運動中燃燒脂肪的速度，似乎確能使肌肉更強壯，提高運動成績。

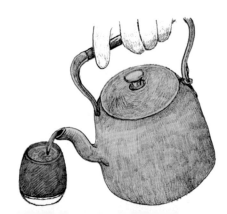

尾穗莧，或「愛、謊言與流血」
(Love-lies-bleeding)
Amaranthus caudatus

　　尾穗莧粗壯、與胸齊高，因爲其種子而種植於阿根廷、祕魯、玻利維亞的高地小村莊內的田裡。它是少數於五千年前在墨西哥、中美洲和安地斯山脈被馴化的莧屬植物之一。它既耐旱又抗病害，成爲印加和阿茲特克帝國的主食。他們使用複雜的灌溉用渠道和梯田，其中有些遺跡被保留至今。

　　尾穗莧的葉片寬，葉脈很深，口味甚佳。烹煮手法與菠菜相同，味道令人聯想到朝鮮薊，而且以葉菜來說，它含有驚人的蛋白質，以及大量的維他命、鐵和纖維。

　　尾穗莧的花序亂中有序：流蘇狀的花簇散亂地垂掛著，每一條都有無數微型栗色或血紅色花朵。繼花朵之後出現的是許多奶油色、金色或粉紅色種子，一株植物能輕易產出五萬顆種子，每一顆幾乎不比圖釘尖端大多少，形狀像小飛碟。這些種子的營養價值極高，可補足穀類作物的營養，蛋白質含量比小麥高約三分之一，但也含有很高的離胺酸，是小麥缺乏的必需胺基酸；同時含有更多油質和更少澱粉。在祕魯，人們將尾穗莧種子置入陶土鍋內邊加熱邊攪拌，爆成迷你爆米花，或是烘烤後煮熟製成濃郁味美、具堅果香味的粥，甚至磨成麵粉。

　　早在西班牙征服南美洲之前，當地人用尾穗莧種子和龍舌蘭糖漿（參閱第一五八頁）揉成團（*tzoalli*），塑出祭典中代表神的偶像，例如強大的戰神維齊洛波奇特利（Huitzilopochtli）、羽蛇神克察爾科亞特爾（Quetzalcoatl，亦即智慧與藝術之神），和雨神特拉洛克（Tlaloc）。人們以豆子和種子代表偶像的眼睛和牙齒，並在宗教盛宴上分而食之抵禦疾病，除了集體淨化的作用之外，信徒格外相信透過食用眾神的象徵性肉體能使祂們的力量和特質充盈自身。對於入侵的西班牙人來說，這些儀式與天主教的聖餐相呼應，令他們感到不自在。雖然有些西班牙牧師和傳教士相信（或者試著相信）阿茲特克人的聖餐證明了原住民確實接受了基督教，但大多數人卻將其視爲魔鬼的作爲，進而禁止了這種噬神做法以及尾穗莧的種植；當地人耗費了將近五百年才又開始恢復種植尾穗莧。

　　如今，噬神意義仍被保留在可口的街頭小吃中。這種小吃在祕魯稱爲

「turrones」，在墨西哥則是「alegría」（幸福），尾穗莧種子經過加熱之後爆開，通常染色之後與糖漿或糖蜜混合而成。在墨西哥的傳統中，「alegría」會被塑成模製成頭骨型和小雕像，特別是在亡靈節和其他融合了基督教與原住民傳統的節日。（參閱萬壽菊，第九十七頁）

　　莧屬植物在全世界的種類繁多，其中許多可以食用。人工培育的目的在於其種子、葉片，或特別是在歐洲：觀賞價值。莧菜的英文名「amaranth」源自希臘文「不褪色」，表示其花朵和種殼的持久特色，有時兩者具有相似的顏色。在中世紀歐洲，「amaranth」這個名字令人聯想到寓意愛情的拉丁文，因此被人們稱為「flosamoris」（愛之花）。十九世紀維多利亞時代的英國以垂墜的猩紅色尾穗莧圖案代表單相思，因此有了「愛、謊言與流血」的暱稱。同時，法語中的尾穗莧是「discipline de religieuse」或「修女的鞭笞」，將花序以華麗的想像力化為鞭打懺悔者的工具。

　　在今日的墨西哥和祕魯，尾穗莧的種植受到官方鼓勵；由於它具有利基又是可靠的糧食作物，因此也種植於印度、尼泊爾和中非洲，前景可期。全世界幾乎一半的食物卡路里僅來自三種穀物——小麥、稻米和玉米（參閱玉米，第一八二頁）——這種情況不利於營養和生物多樣性，並會令病蟲害加速傳播於大量單一種植的植株之間。尾穗莧正是曾經被遺忘，如今卻應該被我們加入日常飲食中的農作物。

祕魯

馬鈴薯
Solanum tuberosum

　　不起眼的馬鈴薯植株高達膝蓋，吸引人的粉紅色或白色星形花朵圍繞著中央顯眼的黃色圓錐形雄蕊。我們都很熟悉它的塊莖，也就是負責儲存碳水化合物的膨起地下莖，但是有人知道馬鈴薯的果實嗎？它們有如小型綠番茄，並且具有相似的內部結構，但是，它們和葉子一樣具有糖苷生物鹼：一種有毒的防禦機制，能導致嚴重胃部不適和頭痛、混淆、幻覺之類的神經系統症狀。馬鈴薯塊莖也有糖苷生物鹼，但不足以造成傷害——除非是暴露在光線之下，啟動了防止被食用的機制。在這種情況下，毒質濃度會急遽上升，馬鈴薯皮裡的濃度甚至可高達其餘部分的一百倍；雖然在此同時產生的綠色只是無害的葉綠素，卻是個有用的指標，表示這顆馬鈴薯應該被丟棄了。

　　大多數人工培育的馬鈴薯都只是單一馬鈴薯種的變種：茄屬馬鈴薯（*Solanum tuberosum*）。馬鈴薯大約於九千年前在橫跨祕魯和玻利維亞西北部的地區第一次被馴化，那裡有九個不同的食用種和無數變種。在安地斯山脈的村莊中，種植馬鈴薯是村民的共同活動，配以玉米啤酒、古柯葉和歌謠。人們的生計和存亡取決於馬鈴薯的收成，並以融合西班牙天主教和原住民傳統的宗教儀式慶賀第一批收成。村民們謳歌各種馬鈴薯——圓形和細長的、大的和小的、從最淺的月見草色到最深的紫色，表裡都是同樣顏色；塊莖帶有堅果味或水果味以及各種紋理。許多馬鈴薯能在安地斯山脈的高海拔地區茂盛生長，遠遠超過穀類作物可以生長的高度。在這個海拔高度，人們將馬鈴薯打碎，輕鬆冷凍乾燥製成馬鈴薯餅「*chuño*」。這種印加人儲存馬鈴薯的方法，比後來被重新發展出來的即沖馬鈴薯粉還早了數千年。

　　十六世紀，西班牙人將馬鈴薯帶到歐洲。出於茄科家族往往有毒的壞名聲，以及馬鈴薯與「落後」的農民之間的聯想，它在歐洲就像番茄一樣難以迅速被接納。然而，在位者看見了這種農作物能在狹小空間內產出大量高營養價值食物的優勢，便開始說服人民馬鈴薯是個好東西。法國人在十八世紀採用各種詭計，例如在馬鈴薯田附近安排武裝警衛，暗示馬鈴薯的價值；普魯士的腓特烈大帝還舉辦了一場公開的馬鈴薯饗宴，讓懷疑論者相信這種蔬菜適合食用，就連國王也照吃不誤。

馬鈴薯的地位穩固之後便開始改變歐洲社會。糧食生產的增長使農民得以到工廠工作，推動了工業革命。到一八三〇年代，歐洲人對馬鈴薯的依賴性已經到了危險的程度，最嚴重的是在愛爾蘭，需要馬鈴薯支撐快速增長的人口。不幸的是，這些馬鈴薯作物當初只是一小批從南美運來的植株，由於重複繁殖「種薯」——塊莖本身——加劇了基因一致性。這種無性繁殖會產生無性的複製作物，子株與親株都容易遭受相同的病蟲害。

　　一八四五年在歐洲出現的疫病是由馬鈴薯晚疫病菌（*Phytophthora infestans*）病原真菌引起的，透過微小的孢子傳播。它很容易在潮濕的溫帶愛爾蘭密集種植的作物間繁殖，使馬鈴薯植株的葉子變黑，塊莖變成軟爛的泥塊。一百萬愛爾蘭人因此死於飢餓和疾病，兩百萬人移出愛爾蘭，主要移居至美國。經濟和社會政策更是加劇這場苦難的無情推手，因為其他未受影響的糧食作物都被出口到英國——殖民力量的所在之處。在饑荒最嚴重的時候，美國奧克拉荷馬州的喬克托族政府（Choctaw Nation of Oklahoma）對於飢餓的痛苦感同身受，募款救援愛爾蘭的饑荒；愛爾蘭的科克郡也在最近以雕塑紀念這項義舉。

　　許多現代馬鈴薯作物仍然容易受到晚疫病的侵害，目前大多經過噴灑化學藥劑控制。具有野生基因的新品種已經顯示出抗病性，但是馬鈴薯的物種故事不僅告訴我們需要保護美洲的數百個野生馬鈴薯親戚；也呼籲了政治上的啟迪教化和同情心。

巴拿馬草
Carludovica palmate

　　巴拿馬草帽通常是在厄瓜多爾製造的，英文所稱的巴拿馬草帽「棕櫚」（Panama Hat 'Palm'）也不是棕櫚。與真正的棕櫚不同，它以樹叢形態生長，沒有單一的樹幹，葉片以手風琴的折疊形態長大。玉米芯大小的花冠或花序很奇特。剛開始，它看起來像是芳香撲鼻的義大利麵，將象鼻蟲吸引到隱藏在下方的雌花。等到雄花開放時，象鼻蟲就會急忙奔赴前去，身上沾滿花粉，然後飛到另一株植物的雌花上授粉。最後，花期已過的花會脫落，露出朱紅色、具有小漿果的內部組織。小漿果裡充滿黏糊的種子，藉由鳥類、螞蟻和雨水散播。儘管這個過程十分華麗盛大，大多數種子卻不具繁殖能力。取而代之的是水平方向生長的莖在土壤表層生長，隨機扎根。

　　巴拿馬草原生於熱帶森林中的低地，廣泛種植於厄瓜多爾，用於製造草帽。纖細至極的葉片細條在經過漂白之後，趁著仍然濕潤柔韌，以手工進行編織。最昂貴的巴拿馬草帽，手指寬度就能有四十條葉片細絲，觸感有如細緻的帆布。這些草帽禁得住捲起再展開，甚至被壓坐。

　　在加州淘金熱期間，由於巴拿馬離大西洋和太平洋都很近，成為草帽主顧的所在地，巴拿馬草帽因此以購買地點，而非辛苦製造的產地為名。壓垮厄瓜多爾品牌的最後一根稻草是在建造巴拿馬運河時，美國總統西奧多·羅斯福（Theodore Roosevelt）曾拍過親手操作巨大挖掘機的照片。該照片在全世界廣為流傳，輿論並且對於總統的「巴拿馬帽」多有品評。

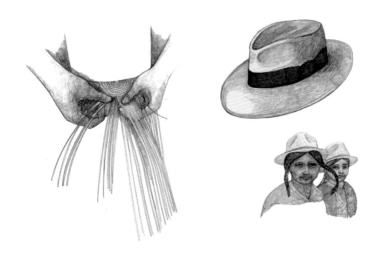

圭亞那

亞馬遜王蓮
Victoria amazonica

亞馬遜王蓮是圭亞那的國花，生長在亞馬遜盆地內的湖泊和緩慢流動的水域裡。它在傍晚開放，大氣的白色花朵加熱之後會散發出有如鳳梨和奶油糖的香氣。它們香氣瀰漫，召喚兜蟲（*Cyclocephala* 屬）前來享用花朵上富含澱粉和糖分的自助餐。這一招是屢試不爽的植物詭計：兜蟲在用餐的同時，圍繞牠們的花瓣會闔起，將牠們困住一整晚。被花粉覆蓋的兜蟲於第二天晚上被釋放，此時花朵已經泛著鮮粉紅色，並失去香氣，被其他白花吸引的兜蟲便飛往別處，而前一晚寄居的花朵會褪色，沉入水中開始結實。

亞馬遜王蓮的葉片比任何水生植物都大，有時可達三公尺（十英尺）寬，形狀有如平底鍋，對生態環境的適應力極佳。它巨大的圓形豌豆綠色葉片表面能夠毫無阻礙地實現光合作用，內建有微小的氣囊，使其保持漂浮；葉片邊緣的開口則能確保雨水排出。在葉片下面，每片巨大的葉子都有自中心向外輻射而出的粗肋，並以橫向葉脈連接加強結構，大根的刺能阻止魚類和和亞馬遜海牛啄食。雖然湖底和淤泥中有很多養分，但是亞馬遜王蓮的根部與所有植物一樣，都需要一些氧氣。它已經發展出非同尋常的加壓通風系統，能藉著溫差將空氣從葉柄一路向根部運送，直到水面以下六公尺（二十英尺）。

十九世紀，歐洲培育和展示睡蓮的競賽推廣了燃煤溫室，而睡蓮的獨特葉片結構也影響了某些溫室本身的設計。亞馬遜王蓮便啟發了一八五一年的萬國工業博覽會中，以玻璃和鑄鐵建造的龐大水晶宮；它是聖保羅大教堂的三倍大。當亞馬遜王蓮終於在英國植物園裡開花時，往往能吸引大批遊客，有時還會有軍樂隊演奏。在歡慶的氣氛中，孩子們會被放在葉片上以展示葉片強度。在某些地方，這種做法仍然是令眾人大開眼界的儀式——儘管有些老套。

巴西

甘蔗
Saccharum officinarum

　　有一種相對罕見，被死板地命名為「C4」的光合作用模式，能使地球上植物數量的百分之三（大多數為熱帶草本植物）在熾熱的氣候中以極高效益利用陽光。這些草本植物之一就是甘蔗。甘蔗的簇狀莖很粗，相當於細的人類手腕，能長到五公尺（十六英尺）高，頂端聚集為狀如噴霧的「縱花」：是形似白色髮束的小花串。

　　甘蔗將陽光轉化為化學能，以蔗糖形式儲存並運輸至整棵植株，也就是我們熟悉的糖。全球每年種植驚人的二十億噸甘蔗，數量遠超過任何其他作物，其中巴西就佔了大約百分之四十。部分蔗糖經過發酵後會製成汽車用酒精燃料（生物乙醇），但大多數會經過精煉供人類食用。甘蔗先在滾筒之間壓榨，汁液蒸發之後就會產生人們熟悉的甜美白色晶體，在顯微鏡下是狀似人工雕鑿的立方體。製糖過程中的深色殘留物是風味濃郁的黑色糖蜜，用於製造蘭姆酒或添加回純糖中，創造出各種質地綿軟、易溶化又更美味的紅糖。

　　甘蔗的祖先在今日的巴布亞新幾內亞演化出來，並根據其易嚼性、產量和甜度被人類反覆選種，以至於現在僅剩下人工培育的甘蔗種。阿拉伯商人在羅馬時代將糖從印度經由陸路帶到地中海，但始終因為稀有而價格高昂，產量直到十八世紀才開始激增：加勒比海歐洲殖民地上廣袤的甘蔗園曾利用被奴役的人們種植、收割和提煉等等特別艱鉅的工作，使糖的價格急遽下降。到了十九世紀中葉，就連英國的工人階級也吃得起糖。

　　人類從事狩獵和採集的祖先演化到懂得尋找甜味，因為這個味道代表該食物富含能量。但是，純蔗糖提供的卡路里遠遠超過我們日常飲食所需要的量，它往往添加到食物和飲料中，以便宜的手法使飲食更具吸引力。長期過度攝取糖分與肥胖和糖尿病有密切關聯，這種社會負擔和純粹咀嚼甘蔗的樂趣大相逕庭，也遠遠不及熱帶城市街道上以有趣但又有點危險的新穎果汁機榨出的純甘蔗汁。

墨西哥

藍色龍舌蘭
Agave tequilana

藍色龍舌蘭是美國南部和中美洲乾燥地區五百多種龍舌蘭之一，在墨西哥西部的哈利斯科州（Jalisco）龍舌蘭酒鎮（Tequila）周邊陽光充沛的山丘上生長得特別好。它從幾乎位於地面的短小中央莖開始生長，肉質葉片形成的蓮座形態葉叢能與人類頭部齊高；葉片的蠟質節水表面賦予它具代表性的藍綠色色澤。龍舌蘭屬植物的防禦機制極爲完備：葉子充斥無法食用的纖維，生有兇惡的倒鉤，葉片末梢的刺尖銳到曾被前人用於縫紉。它們也是令人驚嘆的植物擬態範例，某些龍舌蘭葉片的平坦部分會有狀似尖刺的圖案，在必要時進一步嚇阻食草動物。

龍舌蘭屬植物以數十年才開一次花而聞名——有些龍舌蘭還被稱爲百年植物——不過它們不開則已，一開驚人。藍色龍舌蘭的花穗能高達六公尺（二十英尺），一簇簇的黃綠色花朵是貯滿花蜜的燈塔，吸引墨西哥長舌蝙蝠。它開花一次後會長出難以形容的塵土綠、萊姆大小的果實，緊接著就會死亡。然而，人工栽培的藍色龍舌蘭很少有機會開花，因爲種植目的只爲了它的汁液和肉質核心，也就是藍色龍舌蘭心。現代農民使用的人工繁殖方式是以插條、自未受精的花朵發出的複製芽，或根部附近長出的萌蘗。用這種方式繁殖龍舌蘭很直接，卻也使它們的基因過於一致，易生病害。而且若不允許龍舌蘭開花，蝙蝠就會自然而然餓肚子。近年的一股風氣鼓勵開明的農民允許其中一些龍舌蘭開花結籽，導入寶貴的龍舌蘭多樣性，使蝙蝠數量得以恢復。

龍舌蘭汁液能製成普逵酒（*pulque*），是一種美味的飲料。植株在開花之前會進入超速運作狀態，使莖的基部產生大量甜汁。接著，人類使用名稱嚇人的「去勢」手續切除萌芽的花蕾，每天收集兩次滲出的汁液，傳統做法是使用以長而細的葫蘆製成的口吸式裝置（*acocote*）。在六個月的產季中，一棵植株可以生產半噸美味的汁液，俗稱「蜜水」（*aguamiel*）。如此豐饒的生產力解釋了爲何阿茲特克文化中的龍舌蘭女神瑪亞維爾（Mayahuel）會有四百個分泌「蜜水」的乳房；雖然早期的圖畫中並未明確描繪。她的每只乳房都有不同的聖兔吸吮，牠們代表醉酒和生育的神靈。

新鮮的蜜水透明，稍微帶點綠色，可以煮成糖漿。除此之外，天然酵母和細菌通常會再加上額外的發酵菌種，透過發酵製成普逵酒。乳白色，富有泡沫和黏稠的普逵酒能使未嚐過的人心生戒備；它的味道帶有酵母和酪奶的酸味，還有清新的氣泡刺激感。普逵酒的酒精度相當於最淡的啤酒，最初用於阿茲特克的宗教儀式，療養院的病人也將其作為營養補充劑適量飲用。西班牙人征服美洲之後，在大眾場合飲用普逵酒成了文化上可以接受的現象，因而成為日常的麻醉劑，大為盛行。隨著普逵酒和活動推車的蓬勃發展，到了一九○○年，光是墨西哥城就已經有將近一千輛裝飾豪華的普逵酒攤子（pulquaria）。這些攤子以小型犯罪、鬥毆、賣淫以及理所當然的醉酒聞名：這些都是男性和酒精混合在一起時的例行後果，不受女性親友或法律管束，連帶使得後來的政府單位將普逵酒視為墮落的根源，阻礙社會進步。嚴格的監管加上啤酒蒸蒸日上的普及度，導致普逵酒的身價下跌，到了一九五○年代甚至已銷聲匿跡。近年來普逵酒有捲土重來的趨勢，在熱鬧的咖啡廳中作為社交飲料。如今的普逵酒吧仍然有華麗的裝飾，吸引年輕的混合族群；但除了普逵酒迷喜愛的傳統白色版本（blanco）之外，酒吧還提供以水果、燕麥片或龍舌蘭糖漿增加甜度的深色普逵酒（curado）。可惜普逵酒無法保鮮或長途運送；在墨西哥之外，龍舌蘭以更穩定、更強勁的飲料而聞名：梅斯卡爾酒（mezcal）。

梅斯卡爾酒和更高檔的德基拉龍舌蘭酒（tequila）使用的不是用龍舌蘭汁，而是植物肉質的甜美心部。八至十二年間的植株葉片會被砍掉，剩下的部分看似超大的鳳梨，重量可以媲美非常沉重的行李箱。心部慢慢經過加壓煮熟之後搗成糊狀，藉由純熟的技巧發酵和蒸餾。

德基拉龍舌蘭酒是特殊的梅斯卡爾酒種，僅在哈利斯科州製造，並且只使用藍色龍舌蘭。有些龍舌蘭酒瓶上添加了生產方式對蝙蝠友善的保證，但是法規指出這種高純度酒絕不能出現便宜的梅斯卡爾裡偶爾會因為不經意、或是製法粗糙而出現的飛蛾幼蟲，其實這種添加幼蟲的手法主要是為了取悅外國人。大口牛飲龍舌蘭酒是即使對待品質最低的酒都不該有的粗魯態度。精心製作的陳年龍舌蘭酒值得細細品味，畢竟，某一株藍色龍舌蘭為了這杯酒貢獻了它的生命。

墨西哥薯蕷
Dioscorea mexicana

薯蕷是爬藤，通常來自熱帶地區，以其塊莖(也就是富澱粉的膨脹地下莖)而知名，可以儲存營養和水。許多薯蕷種是有毒或不可食用的，但是在世界上數百種薯蕷中，有些已經被人類育種、栽培和食用了數千年。它們的塊莖重量可以相當於一顆大馬鈴薯或甚至一個幼童，是整個中部和南部非洲的主食，並與當地文化交織在一起。比如對奈及利亞當地和遷居他處的伊博族人來說，一年一度的依瓦祭(Iwa-ji，意為「食用薯蕷」)儀式是為了慶祝新的薯蕷豐收，許多社群會將有關薯蕷的迷信和禁忌安插進故事裡，有助於阻止人們食用有害的薯芋品種。

「墨西哥薯蕷」生長於該國東南部潮濕的森林裡，生有串串淡綠色或淡粉紅色花朵，花心是醒目的栗色。搶眼的雄花和較柔和的雌花在不同的植株上生長；雌花能繁殖出深色的三瓣種子莢，在將種子撒出之後，就會闔起來變得扁平。墨西哥薯蕷的塊莖不可食用，狀似軟木塞質感的外層像陸龜的殼，有多邊形溝槽，是植株的「主軸」(caudex)，這個埋在土裡的圓頂狀結構尺寸可以大到像公車輪胎。雖然收藏家以能收集到墨西哥薯蕷而自豪，植物園也將其視為充滿異國風情的展品，它真正聞名的是存在主軸內的薯蕷皂素。薯蕷皂素是植株本身的天然防禦機制一部分，但對我們來說卻是製造人工類固醇的重要來源，對人體有重大的影響。含有人工類固醇的藥物包括治療哮喘、類風濕關節炎、其他各種自體免疫性疾病藥物，以及孕酮和睪固酮等性激素。

在一九四〇年代，類固醇的使用量增加，但是萃取自動物甚至人類的藥物價格卻貴得離譜。曾經有一度，需要四十頭公牛才能供應一名關節炎患者一日所需的可體松劑量。同樣地，用於緩解各種月經問題的孕酮，是以既昂貴又不高雅的過程萃取自孕婦或牝馬的尿液，我們不禁想跪求解答：究竟製造商是如何收集牝馬尿液的？因此不難理解製藥業為何渴望獲得另一種類固醇來源。

真正的薯蕷不應與番薯(*Ipomoea batatas*)混淆，後者有時候在美國稱為甜薯芋。

薯蕷皂素最早於一九四〇年代初從墨西哥薯蕷中離析出來；不久之後就進一步使用與其關係密切、產量更高的品種菊葉薯蕷(*Dioscorea composita*)。到了

一九四〇年代中期，化學家開始使用薯蕷合成類固醇：首先是孕酮，然後是睪固酮；接下來是一九五一年在墨西哥市合成出可體松，是改變人類生命的抗發炎類固醇藥物。那年，美國的《財富》雜誌（*Fortune*）以姿態頗高的口氣宣布：「叢林草根化學工業」可能是「美國國境以南有史以來最大的技術躍進」。

　　最大的突破性發展是使用萃取自薯蕷的孕酮和其他激素，讓女性的身體產生類似懷孕的反應，進而抑制排卵，避孕藥由此誕生。它立即引起了革命性的迴響，改變人們對婚外性行為的態度，建立更寬容的社會，使女性能夠決定是否繼續接受教育或發展職業生涯。當第一批避孕藥在一九六〇年代初期進入市場時，全世界的製藥公司對荷爾蒙的需求迅速飛漲。墨西哥不僅因為在激素化學方面的經驗，更因為它是薯蕷的來源國而具有壟斷地位。數以萬計的農民藉著在森林中搜尋合適的薯蕷種來補貼原本微薄的收入。這項工作很繁瑣——許多薯蕷品種具有相似的葉叢——並且也很辛苦：農民必須徒手挖出薯蕷，背著它們穿過濃密的灌木叢，再與貿易網絡裡的掮客交易。一九六〇年代後期的墨西哥國內政治與外國競爭相結合，使它失去了領先優勢；但是現在人工繁殖的薯蕷仍然是類固醇藥物和避孕藥的原料來源。

　　有些薯蕷的角色是人類維持生命的主食，另一些則是防止生命萌生的藥物基礎。無論哪種方式，這種有著心形葉片的植物都對數百萬人類的福祉和感情生活產生了深遠的影響。

墨西哥

食用仙人掌或梨果仙人掌

Opuntia ficus-indica

　　食用仙人掌是墨西哥人鍾愛的原生植物，對於幾乎其他任何地方來說卻是個問題。它可以長到三公尺（十英尺）高，通常位於崎嶇不平、難以進入的灌木地帶，非常適合乾旱氣候。其橢圓形葉片其實不是葉片，而是可以貯水、形狀扁平的莖；葉子卻變成了尖刺，能夠阻卻食草動物。莖的蠟質表面能減少水分蒸發，並賦予了這種仙人掌柔和的灰綠色外表。將嫩葉片上的銳利尖刺剪除，切碎之後可以烹煮成有嚼勁且微酸的墨西哥配菜「*nopalito*」。吃仙人掌這件事聽起來是件大膽的美食壯舉。

　　阿茲特克人認為食用仙人掌是「*teonochtli*」——太陽女神；它的花朵確實驕傲地輝耀著亮眼的黃色和橘色。可愛的霧面果實在成熟的過程中會從溫暖的杏桃色轉為紫色，並受到細刺的保護，這些細刺是一簇簇細小尖銳的細毛，很容易嵌入人體皮膚，癢痛感能使人發瘋。不過淺金色或酒紅色的果肉既多汁且甜美誘人，味道類似蜜瓜，甜得令人訝異，但缺乏能夠平衡甜度的酸味，不夠爽口。

　　雖說食用仙人掌的果實和扁莖尚稱可口，但坦白說並不那麼特別；然而它在文化上的意義卻重要到能在墨西哥的國旗上佔有一席之地。原因在於一種吸食汁液的胭脂蟲（*Dactylopius coccus*），幾乎只能在食用仙人掌的扁莖上生長。胭脂蟲吮吸的汁液是無色的，卻能在小小的體內製造並儲存異常耀眼的紅色物質，也就是胭脂紅酸。這是它們抵禦螞蟻、鳥類和老鼠的武器。

　　至少在兩千年前，中美洲居民便已經使用胭脂紅為紡織品上色了。阿茲特克人不辭辛勞地繁殖胭脂蟲和仙人掌以取得最豐富鮮豔的染料，並且發展出如今仍然存在於墨西哥和祕魯的耕作制度。

　　雌胭脂蟲聚落會有條理地從一片扁莖散布到另一片扁莖上，收成的工具是再普通也不過的刷子（胭脂蟲分泌出的蠟質白色粉末能阻止牠們變乾，但易於被肉眼看見）。收成後的胭脂蟲先經過乾燥再研磨成粉，一公斤（二・二五磅）的胭脂蟲粉需要超過十三萬隻蟲體。

　　西班牙殖民者於一五〇〇年代抵達時，對於阿茲特克人炫目且不褪色的紡織品感到震驚；當時歐洲的紅色染料色澤較為暗沉，價格昂貴且使用方式棘

手。因此也難怪胭脂蟲會成為出口佼佼者，僅次於白銀和金子。胭脂蟲染出的猩紅色進入了皇室和奢侈品領域，對於文藝復興時期的專業人士來說，猩紅色的頭巾或斗篷都是成功地位的表徵。奧利弗・克倫威爾（Oliver Cromwell）為英軍選用胭脂蟲紅；它在十九世紀初也被用來染製原始的美國國旗，是國歌「星條旗」的靈感來源。一八六〇年，加斯帕雷・坎帕里（Gaspare Campari）使用胭脂蟲紅賦予他新發明的飲料獨特的色彩。

　　西班牙不惜手段保護自己的壟斷地位，在接下來兩百年間持續保有胭脂蟲的祕密來源。當真相終於揭露之後，歐洲列強試圖在自己的殖民地模仿墨西哥生產胭脂蟲。食用仙人掌和胭脂蟲被走私移植到世界各地，成功案例有限，卻造成不堪設想的生態惡果。例如在一七八八年，新南威爾斯省長將食用仙人掌和胭脂蟲引進澳洲，該國擁有廣袤的乾旱土地，非常適合仙人掌，怎麼可能出差錯？

　　結果，這些當初根據墨西哥當地環境精心培育而成的胭脂蟲很挑剔，未能在新家澳洲茁壯。少了以仙人掌為食的胭脂蟲之後，食用仙人掌開始肆無忌憚地散播。到了一九二五年，它已佔據了二十六萬平方公里（十萬平方英里）的寶貴牧地。當地用盡各種摧毀食用仙人掌的方法：砍伐、焚燒和施用數千噸可怕的砷化合物，都沒能阻止食用仙人掌的蔓延。最終，當局引進了胭脂蟲的近親來吃食用仙人掌。這種「生物控制」方法見效了；最後，從一九二〇年代末期開始，全國大舉繁殖了三十億顆蛾卵，來自學名振奮人心的健壯墨西哥蛾（*Cactoblastis cactorum*，意為仙人掌蛾），這種漂亮的橘色和黑色條紋毛毛蟲已經進化到能夠以食用仙人掌為食。昆士蘭省的布納加小鎮（Boonarga）有一座仙人掌蛾紀念館，除了感念大眾的合作以及抒發解脫之情，也提醒眾人引進外來物種的危險。可悲的是，食用仙人掌仍然在許多國家造成破壞性的入侵，而在澳洲有效散播的仙人掌蛾，卻反過來威脅世界上其他國家的仙人掌種類。

　　到一九〇〇年，合成染料已經取代了紡織用的胭脂蟲紅，但是由於人們擔心人工添加劑對健康的影響，促使食品和化妝品業持續使用胭脂蟲紅。胭脂蟲紅常被稱為胭脂紅，廣泛用於糖果和汽水，特別是濃烈魅惑的紅色唇膏——耀眼地呼應太陽女神的光芒。

哥斯大黎加

鳳梨
Ananas comosus

　　鳳梨在中美洲和加勒比地區被馴化種植已有數千年的歷史了，但是它最早可能來自於巴西中部相對乾旱的低地。這也解釋了為什麼，甚至可說令人驚訝地，如此多汁的水果卻極耐旱，並且和仙人掌使用同一種特殊的光合作用方法（參閱巨人柱仙人掌，第一八○頁）。為了獲得最佳的風味和產量，鳳梨需要熱帶地區的陽光和恆定的日照時間，目前哥斯大黎加為最大的鳳梨生產國。

　　鳳梨植株可長到腰部高度，葉片堅韌多刺。其花朵令人著迷，每一簇花序有一百或更多朵充滿活力的個別小花，每朵小花都有三片紫色和猩紅色的長花瓣，捲曲重疊之後形成管狀。它們在野外經由蜂鳥授粉，但是人工果園的種植者卻避免授粉，因為會產生堅硬的種子；取而代之的是使用其他部分複製植株。開花之後，單獨的小果會結合在一起，形成一個「複果」或「聚花果」——也就是我們吃的鳳梨。

　　一四九六年，哥倫布（Christopher Columbus）從加勒比海帶回一顆奇蹟式存活的鳳梨，在歐洲引起轟動。鳳梨既有皇室的背書，又具有異國情調，超乎尋常地難以取得，並且不受任何囉嗦的聖經組織束縛，迅速成為尊貴、財富和無可挑剔的品位表徵。

　　也許是由於鳳梨與階級的關聯，使得英國人對它異常著迷。到了十八世紀中葉，幾棵鳳梨植株終於被燒得起錢的貴族透過園丁、煤炭和溫室精心養活。由於這些鳳梨生產成本過於高昂，吃掉可惜，便成為餐桌上的擺飾，並且透過出租令其他東道主也能讓賓客大開眼界；或者出於娛樂效果，讓人們將鳳梨當作高級裝飾品攜赴晚宴。就連「鳳梨」的名字也成為卓越的代名詞。在一七七○年代，日記作家詹姆斯．博斯韋爾（James Boswell）將自己在蘇格蘭赫布里底群島遊覽時收到一封信的奢侈經驗描述為「最美味的鳳梨」。劇作家理查德．布林斯利．謝里丹（Richard Brinsley Sheridan）將筆下的角色之一描述為「極有禮貌的鳳梨」。鳳梨也啟發了精緻的瑋緻活瓷器（Wedgwood）、大量的建築裝飾物，偶爾當虛榮與財富結合時，甚至將整座建築物打造成鳳梨外形。

　　十九世紀初，設有「鳳梨坑」的特殊溫室變得很普遍，它酸甜兼具的風味也變得越來越廣為人知，但鳳梨熱潮仍然持續著。在那六十年間，還沒有殖民

地進口的鳳梨摧毀它在歐洲的地位，英國作家查爾斯．蘭姆（Charles Lamb）屏息寫道：「鳳梨的滋味⋯⋯對凡人來說太超凡，它能刺傷磨破任何接近它的嘴唇──就像戀人的吻，能咬人──它是瀕臨痛苦的快感，來自它猛烈和瘋狂的美味。」蘭姆筆下的鳳梨，也許正是在描述他自己。

巴貝多

紅蝴蝶或巴貝多的光榮
Caesalpinia pulcherrima

　　紅蝴蝶是容易生長的觀賞灌木或小樹，最初可能演化於中美洲或加勒比海地區，已經在整個熱帶地區廣泛傳播，因此原生地已不可考。以英文爲它命名（英文：孔雀花，或巴貝多的光榮）的人肯定從未見過孔雀：雖說它的花朵確實很誇張，卻是充滿陽光的黃色、橘色和紅色。

　　紅蝴蝶是與鳳蝶共同進化的；鳳蝶對溫暖的顏色很敏感，會從一棵紅蝴蝶植株飛到另一棵，過程中幾乎不受其他種植物的干擾。牠們的翅膀會累積團團的花粉，由黏著絲綁在一起。具有黏性的黏著絲能束住花粉顆粒，在昆蟲飛往下一站時再快速運送花粉。

　　紅蝴蝶爲了報答鳳蝶忠實的授粉行動，以富有糖和胺基酸的花蜜滿足鳳蝶的特別需求。紅蝴蝶也有幾個策略，用來阻絕與鳳蝶爭食滋養花蜜的主要競爭對手——胃口媲美無底洞的蜂鳥。花蜜產量會在鳳蝶覓食時達到最高峰，但在蜂鳥最活躍時乾涸；花朵的第五片花瓣遠比其他花瓣小得多，在紅色背景上形成醒目的黃色目標——對蝴蝶有絕對的誘惑力，但對鳥類的吸引力較小；而且花瓣底部紅色的花蜜管太窄，無法容納飢餓的蜂鳥覓食的舌頭。

　　孔雀花很華麗，卻也有悲傷的故事。它的種子含有毒素，該地區原住民會用於人工流產，作爲計畫生育的手段。在奴隸時期，奴隸主期待被俘虜的婦女生下孩子，提高農莊未來的財富，因此孕婦會以紅蝴蝶種子打掉腹中胎兒，以免孩子將來得從事艱苦的勞力工作，一輩子過著沒有自尊的生活。

　　二〇一八年，梅根·馬克爾（Meghan Markle）在與哈利王子的王室婚禮上戴著繡有可觀花朵圖案的頭紗，每朵花分別代表不同英聯邦國。其中，巴貝多的紅蝴蝶除了令人聯想起奴隸貿易，更沉重地呼應了蘇塞克斯公爵夫人的祖先。

美國

大麻或麻
Cannabis sativa

在英語中，人們通常妥貼地稱呼大麻為雜草（weed）。它的鋸齒狀葉片向外開展，很容易識別，是處處可見的反文化標誌；它是很低賤的植物，不挑剔生長地點，能夠以驚人的速度長到頭部高度以上。雖然它的淡綠色花朵毫不出奇，從腺毛（亦即毛狀體）滲出的微小樹脂卻能使花苞，尤其是雌花，如帶著露珠般閃閃發光。這些露珠狀汁液含有芳香物質，可以趨避昆蟲並保護植株免受蟲害感染，但是其中的某些分子還可以俐落地介入人類大腦和身體裡負責調節疼痛、情緒、記憶、睡眠和食慾的受體。大麻藥品包括能夠影響精神和心理的四氫大麻酚（THC）和大麻二酚（CBD）；後者雖然不會影響精神和心理，對於治療慢性疼痛、化療引起的反胃和某些形式的癲癇都有顯著的效果。

大麻起源於中亞並傳播到世界各地，當初是為了滿足當地需求而培育的。至少從一九六〇年代開始，歐洲和北美洲使用大麻的目的是休閒性毒品。人們有效地繁殖出各種品種，近年來甚至透過設計工程培育，使它們的四氫大麻酚含量高於嬉皮鼎盛時期的十倍；以精神及心理目的長期使用的頻率也越來越廣泛。不過，大麻在歷史上主要是因其纖維而種植的，也就是我們所知的麻。西元前二八〇〇年，中國為了紡織目的種植麻。它也是羅馬的日用原料；中世紀戰爭的主力長弓便是以麻編成弓弦。麻的強度比亞麻高（參閱第三十六頁），甚至耐水和鹽，帆布（canvas）製成的船帆（因而衍生出大麻〔cannabis〕的英文謬誤）便是由麻繩固定，推動了帝國的艦隊。大麻具有很高的戰略意義，因此英國君主亨利八世和伊麗莎白一世在十六世紀命令地主們種植大麻——這項政策同樣在一六三〇年代施行於美洲殖民地麻薩諸塞州和康乃狄克州。麻纖維也能製成優質的紙張；聖經和鈔票，甚至《美國獨立宣言》的初稿都是以麻纖維紙完成。

但是，中東和近東的傳統是強調大麻的毒品功能。西元前五〇〇年，黑海附近的游牧民族斯基泰人（Scythians）發展出取暖的習慣：將大麻丟進單人羊皮帳篷裡的火堆餘燼裡，享受燒出的煙味，可說是貨真價實的單人大麻包廂。大約在同一時間，印度的印度教徒正使用大麻建立好冥想而受啟發的國家。引人入勝的抽大麻菸（大麻脂，通常以標準的塊狀銷售）活動最後終於傳播至整

個阿拉伯世界，並且於十八世紀末隨著拿破崙的軍隊從埃及被帶回歐洲。

　　在一八四〇年代後期，一群包括維克多・雨果（Victor Hugo）、大仲馬（Alexandre Dumas）、奧諾雷・德・巴爾札克（Honoré de Balzac）和查爾斯・波特萊爾（他也熱衷於苦艾酒，參閱第二十五頁）的巴黎波希米亞人成立了大麻菸俱樂部（Club des Hashischins）。俱樂部成員們會分享達瓦梅斯克甜點（dawamesk），由開心果、柑橘果汁、香料和富含大麻脂的開花大麻植株頂部做成。到了一八八〇年代，大麻菸館充斥歐洲和美洲許多城市，光是紐約就有幾百家，爭取逃避現實的東方主義顧客和虛假的祕密氛圍。在樸素的牆面後方是點滿蠟燭的密室，裝飾著異國情調的雕刻，厚厚的波斯地毯和豪華的躺椅；客人們穿戴著刺繡長袍、飾著流蘇的抽菸帽和柔軟的土耳其拖鞋。

　　儘管大麻自古以來就被用於治療風濕和止痛，卻在一九三〇年代被美國政府禁止，主要原因是為了回應來自於合成纖維工業和木材大戶的關說。這些人並非真如他們聲稱的那樣是出於利他動機關切大眾健康福祉，因為他們並沒有很好的醫學佐證；真正的動機是大麻纖維對其生意造成的威脅。實際上，吸食生產纖維的大麻品種原本就很難得到任何迷幻效果。在將近一個世紀之後，大麻在某些社會中重新取得立足之地，大麻菸的潮濕氣味以及獨有的燒焦橡膠甜中帶酸的味道已經司空見慣。也許有一天，大麻菸館也會捲土重來。

柱狀南洋杉或庫克南洋杉

Araucaria columnaris

　　柱狀南洋杉於一七七○年代詹姆斯・庫克船長的探險之旅中被分類，原產於南太平洋中的新喀里多尼亞群島，儘管自此之後已廣泛種植於充滿陽光的溫帶地區，卻似乎在加州的大學校園裡特別受歡迎。它與智利（以及過多的市郊花園）的猴迷樹（*Araucaria araucana*）極有關聯，但防禦配備較少，較為優雅。這種高大纖細的樹有蜿蜒曲折的小枝，有如經過編織的繩子，令人不禁想伸手觸摸。雄樹的樹枝末端有漂亮、帶著花粉、狀似小狐狸尾巴的毬果。雌樹的毬果體型大，具鱗片。

　　柱狀南洋杉有一個神祕的特徵。大部分位於加州的植株大致向南傾斜，而且角度非常明顯——平均傾斜角度是比薩斜塔的兩倍。在夏威夷，它們卻幾乎毫不傾斜；但是位於澳洲的同一種樹卻明顯向北傾斜。令人驚訝的是，大多數的柱狀南洋杉都向赤道傾斜，越向北或越向南，傾斜程度就越大。這是世界上目前觀察到唯一有這種習性的樹種。

　　樹木已經進化為垂直生長，避免本身重量將主體從土裡連根拔出之後傾覆於地。我們預期越高的樹就會越直立生長，但是筆直向上卻不見得就是直接的生長方向。樹木通常會朝著光的方向生長，但天空最明亮的時段很少是太陽位於頭頂時，並且會隨著一天中的時段、季節、鄰近植物投射的陰影而變化。結果，植物發展出可以感應重力方向的「機關」。某種含有微小澱粉顆粒的特殊細胞「平衡石」（statoliths），會不斷搖晃以確保總是位於植株底部。它們會有效地告訴植株適當的垂直方向。也許柱狀南洋杉的重力感知機關故障了；又或許傾斜生長能夠帶來其生長演化地區的某些本地優勢。誰知道呢？

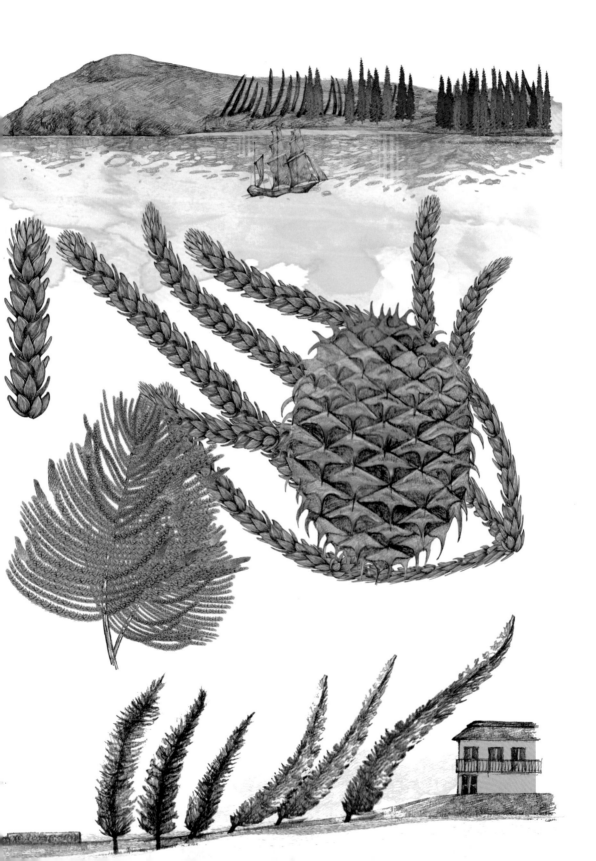

Cypripedium parviflorum

Angraecum sesquipedale

Oncidium

加州杓蘭（女屐蘭）以及其他蘭花

Cypripedium parviflorum et al.

世界上有超過兩萬八千種蘭花，它們的花朵是最複雜、最高度發展的，能夠吸引昆蟲還有我們人類，外形和行為都非常巴洛克。如同人的臉孔，蘭花也表現出非同尋常的雙邊對稱性，也就是一邊是另一邊的鏡像，某些授粉者偏好這個特點。蘭花的斑點、條紋和不連貫的線條對飛行中的昆蟲來說都是不斷閃爍的信號。

蘭花與昆蟲（以及幾種鳥類）建立了專屬關係：昆蟲會將花粉直接傳送到另一株同種蘭花上，不會在途中分心飛往他處。一八六二年，查爾斯·達爾文收到了來自馬達加斯加，壯觀無倫的蠟白色大彗星風蘭（*Angraecum sesquipedale*）植株，其花蜜位於狹窄、長逾一英尺的管狀花朵底部。他寫道：「我的老天，有哪種昆蟲可以吸到花蜜？」在達爾文過世之後，才有研究觀察到巨大的馬島長喙天蛾在使用能捲起的一英尺長口器吸取花蜜的過程中，會一併沾取花粉塊。在這種密切的合作關係中，假如昆蟲消失了，蘭花便也無法繁殖。

蘭花的許多行為徹徹底底地不誠實，因為大約三分之一的蘭花種會以食物或性引誘授粉者，但事實上並沒真正提供任何回報。不誠實的蘭花花粉搭了免費的順風車，但是欺騙的程度必須低於昆蟲願意容忍的限度，否則所有蘭花都會遭到池魚之殃。通常被騙的都是雄性昆蟲。華麗的黃色杓蘭（*Cypripedium parviflorum*）生長在涼爽濕潤的北美洲森林下層，在十九世紀被稱為美國纈草，曾被人們過度採集，用於治療歇斯底里的鎮靜劑和其他「婦女狀況」。它的深黃色「拖鞋」部分綴著橘色斑點，兩側垂著洋紅帶著棕色調的螺旋狀花瓣，有如誇張的鬍鬚。單獨行動的蜜蜂會被氣味和顏色吸引到唇瓣中，由半透明的顏色引導，從花朵後方出口離開，身上沾滿花粉。加勒比海帽花蘭（*Coryanthes speciosa*）將蜜蜂困在內壁光滑、裝滿黏液的小桶裡。牠們唯一的出口是穿過一條狹窄的管子，過程中會被固定於管子裡大約半小時，剛好夠花粉囊附著在牠身上，進而黏結乾燥。

大多數蘭花的花粉不是粉狀，而是包裝成花粉塊。整齊的蠟狀花粉塊包裹不超過芝麻大小，每包都有一個很小的黏盤。在溫暖的美洲，精緻的黃色和赭色文心蘭（*Oncidium*）已經懂得利用蜜蜂的侵略行為了：雄蜜蜂會將蘭花花朵誤認為競爭對手，以頭部撞擊花朵之後攫住花粉塊，精確度驚人地以毫米為單位，然後再用同樣的精確度將花粉塊送到下一朵被攻擊的蘭花上。同時在佛羅里達州，長而纖細的長萼蘭（*Brassia caudata*）黃綠色的花瓣上有斑點，看似蜘蛛的四肢，能夠引誘雌性（終於有一次是雌性昆蟲上當了！）獵蛛玳瑁蜂（*Pompilidae*），當牠以為自己正與獵物搏鬥時沾上花粉。

　　可以預期的是，雄性昆蟲會受到潛在的交配對象干擾而分心。澳洲鐵錘蘭（*Drakaea glyptodon*）的外形和氣味都像雌蜂，但是當雄蜂試圖與它交配或雙宿雙飛時，花朵上會旋動的部位就會撞擊蜂隻留下花粉。歐洲和北非的蜂蘭植物二葉蘭（*Ophrys*），是令人驚嘆的模仿者；角蜂二葉蘭（*O. speculum*）模仿蒼蠅亮澤的藍色和細小毫毛；而在顯微鏡下，蠅蘭（*O. insectifera*）的表面結構甚至就像真的蒼蠅。

　　南美洲的瓢唇蘭（*Catasetum*）能吸引虹彩綠色的桉樹蜂，當牠們輕推蘭花上的機關，花粉就會重重落在牠們背部。當年達爾文以一根鯨鬚條模擬蜜蜂觸碰蘭花，彈出的花粉塊能擊中一碼（將近一公尺）之外的窗戶，並黏在上面。因此我們可以理解，蜜蜂一旦被花粉打到之後便會暫時避開雄花，直直向雌花飛去；而讀者想必已經知道結果了：花粉會被雌花上位置完美的溝槽接收。澳洲西部極為罕見的嘉德納地下蘭（*Rhizanthella gardneri*）生長和開花都在地面以下。它不行光合作用，而是以真菌為食；氣味能引來螞蟻和甲蟲為其授粉，產生的種子則可以透過小動物散播。

　　大多數的蘭花種子都像灰塵。它們很容易散播，卻不含任何養分，因此必須仰賴適合的真菌種提供養分，才能在大自然中生存；無論花粉落在何處，該地點肯定得有真菌。一顆指甲大小的種子莢中可以包含一百多萬顆種子；蘭花找到完美真菌伴侶的機會極其微小，而且在其自然棲息地之外的地方幾乎不可能發芽。一八九〇年代發展出在有養分的凝凍中培育種子的技術，在那之前，所有蘭花都是從野外辛苦收集得來的，也因此導致某些蘭花品種滅絕，卻益形加強了它們的神祕感。

　　蘭花經過精密的演化之後，已經能夠透過氣味和視覺信號吸引及操控昆蟲，連帶也俘虜了人類的心。我們人類演化出了辨識臉孔的能力，制約式地認為蘭花的對稱性有奇特的吸引力，它們的芳香和奇異又富私密感的雌性花形更替蘭花戴上了墮落和愛使壞的光環。

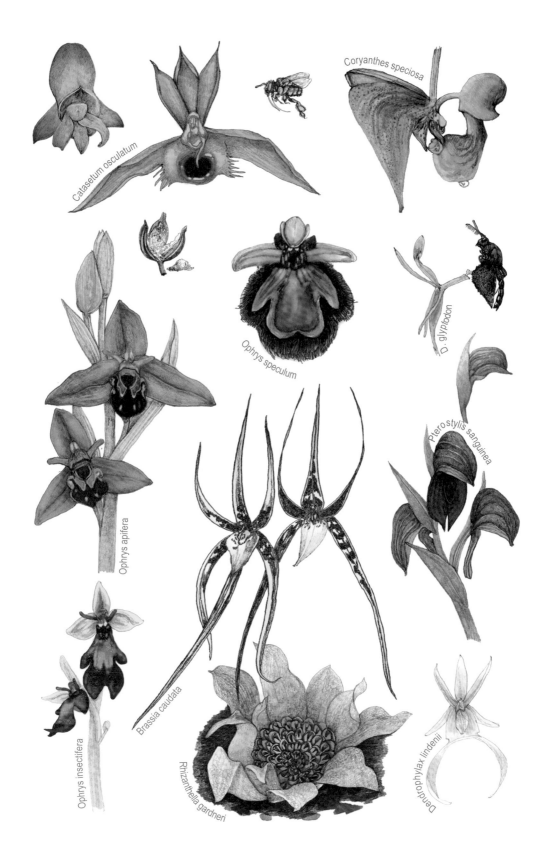

Catasetum osculatum

Coryanthes speciosa

D. glyptodon

Ophrys speculum

Pterostylis sanguinea

Ophrys apifera

Ophrys insectifera

Brassia caudata

Rhizanthella gardneri

Dendrophylax lindenii

美國

巨人柱仙人掌
Carnegiea gigantean

巨人柱仙人掌讓我們見識到令人讚嘆的宏偉姿態和自然工程機制，是美國西南部索諾蘭沙漠的標誌。植株生有數十條堅硬的木質稜，能夠加強結構。在兩百年之間，整體重量可生長至十噸，十五公尺（五十英尺）高。偶爾出於不明原因，植株會變成「雞冠狀」，發展出灰褐色的扇形皺褶。

巨人柱仙人掌非常適合沙漠生活。大多數植物在白天透過氣孔吸收二氧化碳，但也得在同時承受水氣蒸散的損失。仙人掌和其他一些在乾旱地帶演化的植物（例如第 168 頁的鳳梨）會在白天的高溫期間完全關閉氣孔；到了涼爽的晚上才打開氣孔吸收二氧化碳，以化學形式儲存下來準備在隔天進行光合作用。

雖然巨人柱仙人掌的尖刺能阻止大多數食草動物，但吉拉啄木鳥（Gila）卻有辦法在植株上挖洞為巢，並在之後讓其他鳥類使用，例如雀和姬鴞。巨人柱仙人掌會在鳥洞內部結出硬疤組織，人類則將這個天然結成的杯子作為稱手的容器。

巨人柱仙人掌到了七十歲左右就會開始開花。每年五月，昆蟲會在白天造訪茶杯大小、蠟質、白得刺眼的花朵，晚上的訪客則是長鼻蝠。紫色的果實內部是紅色的肉，滿是閃閃發光的黑色種子，是許多沙漠生物的美食。托和諾歐丹人（Tohono O'odham）使用長桿收成果實，製成糖漿之後發酵成儀式上使用的「提斯溫」（*tiswin*），一種帶有些許草莓味的濃烈啤酒。

能夠判別仙人掌年齡的研究人員表示，許多巨人柱仙人掌是在一八八四年發芽的。那一年，印尼的卡卡托亞火山（Krakatoa）爆發，向大氣中噴出的火山塵多到足夠改變降雨模式。索諾蘭沙漠的濕度暫時變得足以提供仙人掌種子額外的發芽機會。其他的火山噴發也確認具有此種效果。在這些惡劣的生存條件下，即使世界另一端的火山爆發都能造成生與死的差異。

美國

玉蜀黍或玉米
Zea mays

　　玉蜀黍（maize），或是北美和澳洲所稱的玉米（corn），是高大健壯的一年生草本植物，通常能長到三公尺（十英尺）以上。主株頂部的雄花有黃色花藥，懸垂在細小的絲上，將花粉釋放到風中。雌花花序是一簇如絲的綠穗——其實是數百根延長的柱頭，準備接受花粉；在每根穗絲的底端會長出豌豆大小的種子或仁。現代玉米已被培育成玉米粒會緊緊附在玉米軸上，故而是另一種仰賴人類散播種子的穀物。

　　很難相信玉蜀黍的祖先是中美洲高地上快活的小草：大芻草。大芻草上有十幾顆堅硬的三角形種莢，簡單排成一列。大芻草在九千多年前開始於墨西哥南部馴化，最早的選擇標準可能是基於發酵為糖的能力，然後逐漸演變為挑選玉米粒更多、更大、外皮更軟的植株。到了西元前一五〇〇年，玉蜀黍已經成為重要的食物和當地文化的焦點。印加宮殿內裝飾著金色和銀色的玉蜀黍圖案；代表生育力的馬雅符號是玉蜀黍從獻祭人類的肚腹萌芽。早期的玉蜀黍品種能做出很棒的爆米花；玉蜀黍粒在適於加熱的三足鍋中快速加熱，堅硬的外皮能夠保留蒸氣，使種子爆炸。在阿茲特克時期，爆米花於儀式上散在海裡保護漁民，年輕女性也在慶典中穿戴爆米花環向特拉洛克神致敬（Tlaloc，雨與生育之神）。

　　到了十五世紀末，整個美洲已有兩百多種用於種植的玉蜀黍；有些由西班牙人帶到歐洲，再從那裡引進全世界各處。在北美洲，玉蜀黍的種植加速了歐洲人的移居——就輕巧的重量來說，玉蜀黍的種子產量很高，並且容易在未犁整的土地上耕種。十九世紀，根據之前經過美洲原住民培育的數個品種雜交而出的新品種，就成為當今全球十億噸超級作物的先驅。每年光是美國就種植三十七萬平方公里（十四萬三千平方英里）的玉蜀黍，但僅有不到十分之一供人類食用；大約百分之四十用於餵養牲畜，而剩下的一半產量中大多數被發酵成乙醇製成車用燃料，或使用於工業，例如充斥各處的高果糖玉米糖漿甜味劑。

　　最新的玉蜀黍品種產量驚人，但外觀和基因遺傳上詭異地均一；野生大芻草具有抗玉蜀黍病毒或昆蟲攻擊等特徵，對於植物的繁育至關重要。在墨西

哥，玉蜀黍的缺乏統一性深受讚揚，因其代表著玉蜀黍穗和玉蜀黍粒具有彩虹般的多樣性。然而，在墨西哥並非所有的真菌感染都被視爲負面問題：玉蜀黍黑穗病能產生表面如天鵝絨、木炭灰色的腫大植物細胞以及能吸收營養的菌絲體，採集後被用於湯和醬料，因具有煙燻過的甜味和營養價值大受讚譽。

　　在許多國家，產量高、令人飽足和易於種植的玉蜀黍已經成爲人民的主要食品，有時甚至達到危險的程度。玉蜀黍含有對人類非常重要的營養素菸鹼酸，卻是我們無法吸收的形式。過度依賴玉蜀黍的不均衡飲食會導致缺乏菸鹼酸引起的糙皮病，症狀包括皮膚炎、腹瀉、失智，最終死亡。墨西哥或中美洲並沒有糙皮病問題，部分原因是飲食文化中具有互補的豆類、南瓜和蔬菜，另一部分是因爲傳統使用鹼（例如木灰和磨碎的貝殼）烹調玉蜀黍，使菸鹼酸得以被吸收。但是在二十世紀初，由於貧窮、無知和不幸的行銷手法（「玉米——以不同手法爲每餐添味」的說詞），使得糙皮病在一九〇六至一九四〇年間於美國南部數州造成嚴重疫情，約三百萬病例中共有十萬多人死亡。曾經有一度，南方的精神病院裡有半數病人罹患糙皮病相關的失智症。

　　儘管糙皮病仍然是依賴玉米的發展中國家的重大風險，現在在美國已經很少見了。然而，與過往災難互相呼應的是玉米糖漿的過度消費，在肥胖和糖尿病的文明健康悲劇裡佔有一席之地；美味吃多了也會釀成苦果。

美國

松蘿
Tillandsia usneoides

　　松蘿是鳳梨的表親，實際上根本不是苔蘚。由於它使法國探險家想起了西班牙殖民者的長鬍鬚，將其稱其爲「*Barbe Espagnol*」——西班牙鬍鬚，最終演變成「西班牙苔蘚」。它是美國南方沼澤地裡怪異的指標性植物，有如骨架子般長如手指的葉子捲曲成鏈，形成細長的灰綠色窗簾，從樹木和電話纜線上垂下。維多利亞時代在美國深南部旅行的人曾經語不驚人死不休地描寫「掃掉天空中蜘蛛網」的樹木或將松蘿視爲「在月光下哭泣的巫婆」。它的確是一種奇怪的植物。

　　松蘿是附生而非寄生植物——它退化的根條除了充當固定植株的錨點外並無他用，植株所需的一切都取自環境裡潮濕的空氣、灰塵、碎屑、附生的橡樹和柏樹葉片上雨水析出的微薄養分。葉子有微小的鱗片，使其透著銀色光澤，並能攫住水分和礦物質，在長時間裡慢慢吸收。狀甚孤獨的檸檬綠色花朵小而不起眼，但是到了晚上卻散發出微甜的麝香味。松蘿很容易傳播；被鳥類收集作爲築巢材料或被暴風雨扯斷的枝條能夠長成完整的植株；栗褐色的豆莢也會在冬天釋出一把細小帶有纖毛的種子，隨著微風飄飛之後於潮濕的縫隙裡發芽。

　　松蘿的內部木質纖維類似馬毛。美洲原住民將纖維乾燥後用於墊子和繩索，之後屯墾者則將其用於填充家具的墊子，包括早期的汽車座椅。根據十九世紀中葉某人的評論：「密西西比州的樹上懸掛的這種植物數量，可能足以塞滿世界上所有的床墊。」

　　松蘿還用於填塞胡都（hoodoo）人偶，是被認爲能避邪並爲持有者帶來好運、或給別人帶來不幸的物件。胡都是路易斯安那巫毒教（voodoo）的精神分支；巫毒教是美國南部數州自十八世紀西非移民傳統中發展出來的信仰。與胡都之間的連結使得松蘿令人毛骨悚然，但是製作人偶的人可能出於更原始的情感。或許松蘿和它棲息的沼澤地代表的是未受馴服的大自然——荒蔓猖狂，非人類所能控制。

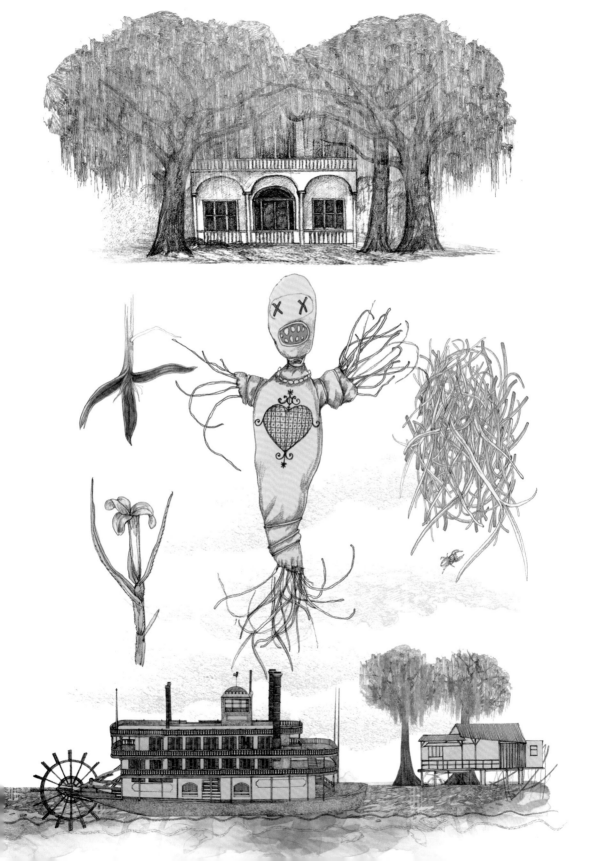

美國

洋玉蘭
Magnolia grandiflora

　　洋玉蘭是高大的常綠觀賞植物，原生於美國東南部的潮濕林地，碩大的白花可以長到籃球直徑，美得令人屏息；大量綻放時能釋出幾乎具壓倒性的檸檬香氣，並且通常盛開於樹葉出現之前。然而，洋玉蘭花朵還有另一個不可思議的特徵。

　　在約一億四千萬年的白堊紀之前，針葉樹、銀杏和蘇鐵植物佔領了世界，它們依靠風傳送花粉孢子；孢子內部是植株的雄性細胞。在一段驚人的進化時期之中，這些植物發現自己與開花植物競爭，後者與牽線的昆蟲之間形成了互利關係。木蘭屬植物正隸屬這些最早的開花植物，洋玉蘭是它們的直屬後代之一。隨著木蘭與甲蟲一起進化，甲蟲以花粉為授粉獎勵；那時還沒有蜜蜂，所以洋玉蘭不需要生產花蜜。為了避免甲蟲伴侶吃午餐時誤嚼花瓣，洋玉蘭的花瓣曾經是，而且現在仍然是堅挺的革質──看似精緻，其實堅韌。它的種子以細柄個別懸吊於狀甚原始的錐形果實上，種皮是鮮豔的朱紅色，在微風中搖曳著昭告自己的存在，藉由鳥類傳播，或在落地之後由負鼠和鵪鶉散布。

　　由於美麗和樹蔭，洋玉蘭在大學和公園中廣受歡迎；又由於它與傳統的穩固關聯和恰到好處的華麗感，成為南方風格婚禮中的常見主題。然而，洋玉蘭也被用於南北戰爭中的美利堅聯盟國和密西西比州的第一面旗幟，至今仍然是美國南部白人的有力象徵──有時甚至令人反感。

　　在十八世紀中葉，英國曾有一股較溫和的洋玉蘭種植潮，當時的花園裡有許多令人印象深刻的洋玉蘭植株。現在這些洋玉蘭樹已經被英國鳥類佔領了，牠們在充滿異國情調的樹葉和花朵之間看起來奇異地格格不入。

美國

菸草
Nicotianatabacum

　　茄科植物的成員包括馬鈴薯等可以食用的蔬菜，以及毒茄蓼、顛茄和菸草，往往全都用危險的毒藥捍衛自己。菸草屬裡大約有七十個種，主要來自美洲，其中只有兩個是栽培種。低矮茂盛，可達腰高的黃花菸草（*N. rustica*）又被稱爲阿茲特克菸草，原生於祕魯，富有尼古丁，用於製造殺蟲劑和薩滿祭司在儀式中使用的精神性藥物。普通的菸草植物是「*N. tabacum*」，最早來自玻利維亞，一個生長季裡就能長到人類頭部高度。它的喇叭形花朵聚集成稀疏的花簇，淡白色，喇叭開口端呈粉紅色，之後會結出綠色彈珠大小的蒴果，含有細小的顆粒狀種子。菸草不常有機會開花或結果，因爲植株頂端會被摘除，促使植株將養分轉移到碩大的葉片上。人們採收葉片之後，懸掛在溫暖的地方風乾，逐漸變成我們熟悉的棕褐色葉片，帶有多層次的宜人皮革香氣。

　　菸草植株的所有部位都覆蓋著細細的腺毛，腺毛分泌出的黏手黃色分泌物含有尼古丁，先在根部製造出來後，運輸至整棵植株。它能夠作爲神經毒素，破壞神經脈衝，癱瘓任何尚未演化出抵抗力的昆蟲。它對人類的作用也相同——光是幾滴純尼古丁就能致死；最驚人的是，尼古丁可以透過皮膚吸收。少量使用，可以是有效的興奮劑或鎮靜劑；依據劑量多寡，它能抑制飢餓感、燒熱、疼痛，同時增加心跳速率和血壓。

　　菸草是南美洲最早使用的麻醉品之一。在歐洲人抵達美洲之前，原住民已經習慣使用菸草上千年了（沖泡飲用、咀嚼或吸入）。當哥倫布在一四九二年到達古巴時，當地人看起來像是用捲起的菸草葉「喝菸」——這就是哈瓦那雪茄的原型——或是透過插入鼻孔的蘆葦稈。很快地，菸草抵達西班牙；到了一五六〇年代，法國外交官讓・尼寇（Jean Nicot，尼古丁的命名由來）曾向法國宮廷進獻過菸草。趕時髦的精英們養成吸一兩撮磨碎菸草（鼻菸）的習慣，不久之後，菸管就成爲流行的歐洲抽菸方式。

　　十七世紀初，菸草是英國位於維吉尼亞州的北美殖民地首批獲利的出口貨物，很快成爲重要的商品。起初，負責耕種和加工的人力是來自因爲作物歉收和貧窮被迫離開英格蘭與威爾斯的契約工，但是由於英國家鄉的生活條件改善，產能又必須擴大，非洲奴隸便迅速成爲常態。到了十八世紀中葉，大型菸

草園大約使用十四萬被奴役人口，主要在維吉尼亞州和馬里蘭州，每年加工一萬五千噸菸葉運往英國。喜愛菸草的權貴包括兩位美國開國元勳：湯瑪斯·傑佛遜和喬治·華盛頓。大約兩百五十年後，全球共有超過十億癮君子，一年抽掉五·五萬億根菸，持續不斷的行銷策略和寬鬆的規定表示發展中國家的菸草使用量仍在增加。

尼古丁本身具有極強的成癮性，並與多種健康問題有關；它與香菸煙霧中的其他數百種物質結合之後，煙霧分子和微小顆粒不但會影響肺，還有許多其他器官，比單純的尼古丁還危險。尼古丁產業提供人類這種風險並不立即可見，卻非抽不可的商品，希望戒菸的人還必須經過身體和心理都極為不適的過程，可說是非常驚人的商業模式。對菸草公司董事、股東和依賴該產品稅收的政府來說，菸草具有無上的利潤。然而菸草殺死和傷害的人卻比其他任何植物都多，更使用了四萬平方公里（一五五○○平方英里）的地球表面，這些土地原本可以種植食物或保留為寶貴的森林棲地。那些運用財富和遊說將菸草公司粉飾為良心企業的男男女女，其絞盡腦汁的努力確實令我們大開眼界，菸草的力量著實巨大。

美國（以及巴布亞新幾內亞）

西葫蘆、南瓜和扁蒲
Cucurbita spp. 和 *Lagenariasiceraria*

　　南瓜、扁蒲、甜瓜和黃瓜都屬於葫蘆科，是來自乾旱地區的旺盛多產植物，通常貼近地面生長或以捲曲的鬚纏繞著向上生長。它們通常生有可以食用的大型果實，顏色鮮豔，種子被肉質果肉包圍，外皮堅硬，植物學上稱為瓠果。南瓜大部分原生於安地斯山脈和美國南部之間的地區，生長旺盛，有大型葉片和亮眼的五尖瓣橙黃色花朵，由獨來獨往的專門「南瓜蜜蜂」小南瓜蜂（*Peponapis*）和大南瓜蜂（*Xenoglossa*）授粉，這些昆蟲會在植株下挖掘不傷及植株的孔。

　　最初，南瓜種子經由大型動物、巨大的地面樹懶和乳齒象散播，但是這些動物在一萬兩千年前左右便已滅絕。沒有牠們，野生南瓜就減少了；但在一千年之內，人類就藉著馴化將南瓜救了回來，首先是為了富有營養的種子，然後藉著配種消除苦味，進一步為了果肉培育南瓜。今日的南瓜來自少數南瓜屬植物，繁殖出幾十個品種。

　　南瓜、玉蜀黍（參閱第一八二頁）和豆類是米爾帕（Milpa）耕法「三姊妹」。米爾帕耕法是馬雅文明發展出來的永續耕作方法，至今仍使用於墨西哥部分地區，不但是均衡飲食的基礎，也是均衡的農藝學；隸屬於豆科植物（參閱苜蓿，第二十八頁）的各種豆類能從空氣中析出氮，為需要大量養分的玉蜀黍施肥，並為豆類和南瓜提供攀緣的支撐。南瓜則形成綠色的地毯保持水分、防止土壤流失並抑制雜草。美國北部的早期英國移民自當地人學習到米爾帕耕法，也同時學到「南瓜」（squash）一詞——簡化自「*askutasquash*」，在 Narragansett 語的意思是「生食」。

　　南瓜通常根據被食用的季節分類：夏季南瓜要趁幼嫩未成熟時採收，採收期最多只有幾個星期。其中包括櫛瓜，其油炸花是娛樂性頗高的珍味小食；扁平的黃色卡士達南瓜則有扇貝形邊緣。冬季南瓜，例如奶油南瓜，是在藤蔓上成熟之後於秋天採收，並保存數個月。它們的橘色果肉味甜，澱粉含量高，具有夠濃的堅果質感，能禁得起烹煮和打碎成湯；還可以經由烘烤或煎炸增加風味。南瓜不是特定的南瓜種或類型，只要是任何大的橘色南瓜都可以算是南瓜。

它是感恩節晚餐中香甜療癒的南瓜派主角，南瓜的平淡被生薑、肉桂和糖彌補。古代凱爾特人的收穫慶典薩姆海因（Samhain）重點就是在經過雕刻的蕪菁內放置油燈以趨避惡靈；蘇格蘭和愛爾蘭移民在十九世紀初將此習俗引入美國，並改為使用南瓜。每年到了萬聖節，創造力、幽默感和輕微的手部割傷泉湧而出，一年就有一億顆南瓜被雕成燈籠，如今也成了回傳歐洲的習俗。

　　南瓜除了代表生育力，又帶著荒誕滑稽的意味。一些巨大的品種足以擔任南瓜划船比賽的船槳，以及——出於對男性特徵尺寸的慣有競爭心態——培育世界最大南瓜的比賽。目前的世界紀錄是超過一噸的南瓜，相當於一輛小汽車的重量。

　　扁蒲（*Lagenaria siceraria*）原產於中非，與南瓜有密切關係。它以藤蔓形式生長，白花上有細微的淡綠色線條，皺褶質感有如撕碎的面紙，經久的扁蒲果實彎彎曲曲地高掛藤上。人們鮮少食用扁蒲，卻以精美的雕刻裝飾，並通常作為碗、杯子和勺子，以及運送水或牛奶的載具。新幾內亞部分地區有一種扁蒲是特別為其長度和管狀結構而種植，當地男性將之用於陰莖護套；人類學家們對這種日常穿著多有辯論，可能原因包括強調身分或性徵、部落認同，或者純粹出於好玩。也許他們的動機與西方國家悉心種植巨型南瓜的男人們並無二致。

Sarracenea flava

Darlingtonia californica

Sarracenea purpurea

Sarracenea oreophila

美國（以及婆羅洲）

瓶子草和豬籠草
Sarracenia、*Darlingtonia* 和 *Nepenthes* spp.

　　植物除了以葉片吸收二氧化碳外，通常還會經由根部獲取所需的任何營養。但是，面對特別貧瘠的土壤時，有超過五百個植物種已經轉化成食肉植物以增加攝食內容。基於這種令人印象深刻的融合進化，不同大陸上毫無關聯的植物已經進化出驚人的相似特徵，也就是盛滿液體的瓶狀陷阱。這些瓶子是由帶蓋或冠的複雜演化而成，能引誘獵物並限制落入瓶子裡的雨水量。

　　瓶子草藉著醉人的氣味誘騙受害者，並展示複雜的記號；有些記號是人類看不見的紫外線圖案，它們模擬花朵、腐肉和其他誘惑。昆蟲上了當之後就會面臨一系列誘捕機關：僅能以單一方向（朝向壺裡）抓握的毫毛；能使昆蟲訪客打滑的水膜；精緻的蠟質表面具有奈米級角質層，讓獵物無所遁逃。瓶內的液體含有消化酶，經常也有界面活性劑，是使昆蟲下沉溺斃的潤濕劑，以及能迅速分解獵物的細菌幫手。瓶子草激發了作家們撰寫科幻恐怖故事的靈感，促使科學家發明出模仿其光滑、能自動潤滑表面的材料：例如能減少阻力，滑溜到藤壺和海草無法攀附的船隻表面塗料。

　　為了繁殖，瓶子草需要授粉媒介，同時又必須避免災難性的誘捕過程，誤殺授粉媒介。經過進化，它發現了幾個解決方案：將花朵放在盡可能遠離瓶子的位置；錯開開花時間和設陷阱的時間；最巧妙的是布署不同化學號誌邀請昆蟲造訪花朵，以換取甜美的花蜜獎勵，而另一種化學號誌能在同時吸引其他被食用的物種。

　　紫瓶子草（*Sarracenia purpurea*）生長在加拿大東南部和美國東北部的多沼澤區域。它的陷阱團團高踞植株之上，膨大、小腿高度、美得奇特，向外翻的開口上有深紅色網紋，令人聯想到兔耳上的靜脈血管。植株細長的莖上遠離陷阱的高處位置點綴著獨立的鮮紅色花朵。紫瓶子草並不挑食，它們食用大量的螞蟻，同時還有蟎、蒼蠅、幽靈蜘蛛、零星的蛞蝓和小青蛙。此外，它們格外努力引誘並吃掉與其爭捕昆蟲獵物的長腿織網黑白蜘蛛。

來自美國西北部的眼鏡蛇瓶子草（*Darlingtonia californica*）有奇異的斑點狀外觀，彷如立起的蛇。雨水無法進入向下指的瓶口，因此轉而從根部抽水。瓶口附近肖似舌頭的突出部位充滿香甜的花蜜，一旦昆蟲進入狹小的瓶內之後，會本能地飛向光線逃生，卻會被半透明的瓶蓋擋下。如此，瓶中俘虜一次又一次撞向瓶蓋，直到力盡落入瓶底。

東南亞的森林中有超過一百五十種不同的熱帶豬籠草（*Nepenthes*）。京那峇魯山（Kinabalu）位於巨大的婆羅洲，由於暴雨使山坡地區養分流失，土壤貧瘠，因此豬籠草種類特別豐富。其中許多是木質藤本，有時可以纏繞攀緣十五公尺（五十英尺）或更高，植株高處有瓶子負責捕捉飛行昆蟲，形態迥異的低處瓶子則用來誘捕在森林地面爬行的生物，甚至是齧齒動物和小型哺乳動物。豬籠草和北美洲的瓶子草有許多共通的捕食技巧，但又發展出其他策略。有些在瓶子裡的液體內添加了毒素或麻醉劑，通常質地黏膩——足以形成黏連有彈性的細絲，能更有效地攫捕並纏住更驚慌失措、掙扎更猛烈的獵物。白環豬籠草（*N. albomarginata*）的瓶口邊緣圍繞著白色絨毛，模仿白蟻最愛吃的地衣。小豬籠草（*N. gracilis*）將蒼蠅吸引到具彈性的瓶蓋下側，藉由落在表面的雨滴力道，將獵物彈跳至死。其他豬籠草種則可以從動物獲得所需，卻不用殺死牠們；勞氏豬籠草（*N. lowii*）特地將婆羅洲樹鼩視為美食的白色分泌物放在適當的位置，動物必須坐在安排好的「馬桶」上才能確實吃到，以保證富含氮的排泄物落在正確的位置。赫姆斯利豬籠草（*N. hemsleyana*）為蝙蝠提供棲息處以達到類似結果；素食的蘋果豬籠草（*N. ampullaria*）則自備微型廚餘分解箱，靠著落葉維生。

達爾文深受肉食植物驚人的適應力吸引，稱它們為「世界上最美好的物種」。但是它們的吸引力應該有更深層的意義吧？我們很難不將它們擬人化：也許我們之所以認為瓶子草令人著迷，是因為它們的習性兇狠無情。這個想法還真是讓人不寒而慄。

加拿大

尋常馬利筋
Asclepias syriaca

　　每年夏天的幾個星期之間，結實、高度及胸的馬利筋會變成花蜜打造成的微生環境，因為昆蟲穿梭其間而生氣勃勃。它的桃色或粉紅色花朵散發出醉人的甜味，是高度演化的精緻結果。覓食的昆蟲腿部往往會被困在花瓣上方冠狀結構的尖角之間；蒼蠅和小黃蜂可能就此死在原地或有幸逃脫，留下一兩根腳。較大的昆蟲（例如蜜蜂）可以自行掙脫，但是當牠們努力掙扎時，連接體——帶有兩條臂的微型夾子，每隻臂只有幾釐米長——會穩固夾在昆蟲的腿上與花朵分離。每隻臂都有裝著花粉的金色包裹。當昆蟲飛翔時，夾臂會在乾燥之後扭轉，使花粉囊精確地滑入蜜蜂造訪的下一朵花的縫隙之中，將珍貴的貨物運送到必須抵達的目的地。授粉成功後產生的結實綠色種莢在成熟之後會破裂，露出緊密包裹的扁平棕色種子，準備隨著絲狀白毛在風中飄揚。

　　馬利筋的莖和葉含有乳汁，味苦，具有能停止心跳的毒素，令大多數草食動物退避三舍。然而，帝王鳳蝶（由於大量群聚於北美大西洋海岸而聞名，會飛行數千英里前往墨西哥避冬）特別選擇將卵產在馬利筋的葉片背面。卵孵化之後，醒目的黑色、白色和金色條紋毛蟲會正好置身在理想的食物之間。牠們以馬利筋葉片為食，但可以忍受毒素，甚至將其儲存在體內，避免鳥類啄食。

　　馬利筋的棲地減少是由於人類農業過度使用除草劑，以及對道路邊緣和閒置土地必須「乾淨整齊」，忽視生態的心理。許多園丁為了協助帝王鳳蝶，其意可嘉地種了馬利筋，卻因為鮮麗的紅橘色花朵而誤選非原生種的「熱帶馬利筋」（*Asclepias curassavica*）。不巧的是，因為該種馬利筋不會在冬天凋萎，令帝王鳳蝶無法專心遷徙，而且是弱化帝王鳳蝶的單細胞寄生蟲終年宿主，能讓帝王鳳蝶不斷感染疾病。

　　目前，種植了原生馬利筋的花園正在幫助提高帝王鳳蝶和其他益蟲的數量，假使如此有價值的植物英文名裡沒有「尋常」和「雜草」字眼（英文：尋常乳草〔common milkweed〕），復育速度可能更快。

A. syriaca

加拿大

木賊
Equisetum hyemale

　　木賊的美靜謐無聲，而且非常、非常原始。它們是植物的老前輩，當植物還未演化出能吸引昆蟲的花朵、生產花粉，甚至發展出種子之前就有了。

　　木賊常見於北半球較涼爽的區域，喜歡永遠潮濕和土壤貧瘠的地方。它們的莖出奇地剛硬，手指粗細的綠色管子很少超過膝蓋高度。負責收集光線的是這些莖，而不是每個節點簇生的紫色渦狀、不起眼的鱗狀葉片。莖含有的二氧化矽使它們很堅硬，也很易蝕。它的常見英文通名（horsetail，馬尾）暗示出它在歷史上的幾個用途：刷子草、擦槍草和白蠟草。在今日，木賊的莖經過煮沸乾燥之後，製作為薩克斯風和豎笛的簧片來販售，在日本則用於拋光精美的木製品。

　　有些木賊的莖稈頂端有帶著紋路的小錐體，稱為孢子囊穗，每年春天會釋放出無數的孢子；每顆孢子只有二十分之一公釐寬，內含繁育下一代所需。這些微小孢子開啟旅程的方式可說不同凡響：每顆孢子最外層會裂開形成四個分支，稱做彈絲。彈絲起先會盤繞住孢子，但隨著孢子漸漸變乾，彈絲就會伸展開來。彈絲有時會彼此糾纏在一起，但會繼續嘗試鬆綁，直到最後終於彈開，將孢子彈向空中。隨著周遭空氣在潮濕和乾燥之間交替變化，孢子便可以反覆跳躍，最遠可以一次跳一·五公分（〇·五九英寸）。聽起來也許毫無出奇之處，但是這距離是其自身高度的三十倍，可說是極驚人的成就。有趣的是，風洞測試結果說明了以這種方式彈跳，能夠大大增加孢子被微風帶走的機會。

　　木賊的祖先之一蘆木（Calamites）大得像怪物。它的木質莖高達至少三十公尺（一百英尺），大約開始生長在三億六千萬年前。但是，真菌和細菌又花了六千萬多年時間發展出有效分解木材的能力。所以當時地球上所有的木本植物都注定被壓成煤炭。全世界的煤炭有很多來自巨大的木賊，所以它們倒下的那個時代順理成章地被命名為石炭紀。

海洋浮游生物

Notholithocarpus densiflorus

　　這些顯微鏡下才看得見的單細胞生物可能並不符合所有對於植物的定義，但是植物最重要的功能是光合作用，浮游生物確實可以做到這一點。它們大多數只能活幾天，隨著洋流漂動，懸浮在有光的水面附近。

　　浮游生物利用陽光驅動光合作用，先消耗溶解在海水中的二氧化碳，將碳化合物納入微小的身體，正如樹將碳儲存在木質和樹葉裡。浮游生物雖小，數量卻很豐富。一湯匙的海水可能包含數十萬隻浮游生物。合在一起之後，全世界的海洋浮游生物能吸收的二氧化碳量（並盡可能釋放出最多的氧氣）媲美所有樹木和其他陸地植物的總和。它們也是海洋的初級生產者，亦即食物鏈的第一個環節；沒有它們，海洋中就幾乎不可能有其他生命。

　　浮游生物的寬度通常有如細毛，但也可以更小。放大之後，能看見錯綜複雜、如夢境般迷幻的結構；有的看起來就像獨行的太空船或令人難以置信的幾何形狀、微小的蛇、梯子、串在無止境長鏈上的精美小珠子；浮游生物的種類可說成千上萬。

　　我們有時候會注意到浮游生物。當營養和溫度都恰到好處時，浮游生物的數量會爆炸性增生，在海面上綿延數百平方英里。渦鞭藻門（dinoflagellate，微小的鞭毛會擺動，故得此希臘文名）裡的某些藻種，若數量夠多，便能將海洋染成紅色。有些渦鞭藻甚至可以透過「生物發光」的化學作用發出光芒，作為防禦機制。不可思議的是，浮游生物群落經由運動觸發製造光芒，似乎能使掠食者大吃一驚，同時也吸引更大的海洋生物，阻擋潛在攻擊者。

　　夜晚的生物光照亮溫暖平靜的海水，是大自然最美麗的景象之一。廣闊無垠的海被規律閃動的光芒吞噬，我們悠游於其間時，若想到這些不起眼的浮游生物幾乎提供了海洋所有的養分和生機，謙遜之心當會油然而生。

下一步該往哪裡走

我建議從一棵真正的植物開始。找到你喜歡的，也許是一棵小樹，或是開花的灌木叢，然後仔細觀察至少二十分鐘，而且要非常專心。深入觀察它的形狀、顏色和圖案、葉片或任何花朵的感覺和氣味，以及它們的方向、微小的特徵，例如纖毛、任何昆蟲或昆蟲卵、任何損傷或病害。針對你眼中所見，問自己很多問題：什麼？怎麼會？特別要問的是：為什麼？將同樣的方法用在另一株植物上，好好了解它。這麼做大不了是有點浪費時間；但是做得好的話，卻能改變你對世界的看法。

之後，我建議你從植物園開始這趟旅行。那裡經過策畫的植株收藏將能讓你體會多樣性和極大的趣味。大多數花園都有熱情的工作人員和有用的讀物，還會舉辦各種活動，讓你認識志同道合的朋友。想找到離你最近的植物園，你可以造訪國際植物園協會網站 bgci.org（Botanic Gardens Conservation International）。

以下幾頁是進一步的建議讀物，可以與最知名的書籍互補。其中許多出版物非常容易取得，但有一些也許得到圖書館或二手書店詢問。光看書名，有些不容易一眼看出內容，所以我在有些書目之後加上了簡短的描述。帶有星號（*）的出版物可能比較適合剛開始植物之旅的讀者。

我在為這本書找資料的時候使用了許多資源，包括專業期刊和科學文獻。我並沒加入洋洋灑灑的參考清單，但是你可以在 www.jondori.co.uk/80plants 網站上找到關於本書植物的進一步相關參考資料，以及其他有用的連結。

植物通論

如果你喜歡這本書，可否容我老王賣瓜推薦它的手足？
*《環遊世界八十樹》
作者為（咳咳）強納生‧德洛里（J. Drori），同樣由了不起的綠西兒‧克雷克（Lucille Clerc）繪製插圖（天培出版社，2020 年）。

*《森林祕境：生物學家的自然觀察年誌》大衛‧喬治‧哈思克／著（商周，2021 年）
The Forest Unseen，D.G. Haskell（Penguin Books, 2013）
細膩又出人意表，對於一平方公尺的田納西州老樹林富有詩意的觀察。

*The Private Life of Plants, D. Attenborough (BBC Books, 1995)

植物的私生活
D‧艾騰伯勒著（BBC 出版，1995 年）
範圍廣泛，附插圖，講解清晰──大衛‧艾騰伯勒最棒的著作之一。

*Anatomy of a Rose: The Secret Lives of Flowers, S. Apt Russell (Random House Group, 2001)
玫瑰的解剖學：花朵的祕密生活
S‧愛普特‧羅素著（蘭登書屋，2001 年）
引人入勝，機智，易於閱讀。

* Living Plants of the World, L. and M. Milne (Random House and Nelson, both 1967)
世界的活植物
L‧米爾恩和 M‧米爾恩（蘭登書屋和尼爾森出版社，都是 1967 年）。

科學

如果你對基本科學原理不陌生：
*Nature's Palette, D. Lee (University of Chicago Press, 2007)
大自然的調色盤
D‧李著（芝加哥大學出版社，2007 年）
可喜的平裝本植物色彩學。機智，見解獨到，有少許詳細的科學知識，但外行人也很容易理解。插圖精美。

*Trees: Their Natural History, P.A. Thomas (Cambridge University Press, 2014)
樹木：它們的自然史 P‧A‧湯瑪斯著（劍橋大學出版社，2014 年）如果你想了解樹木運作的科學以及樹木的作用，本書都有詳盡的解說。

The Kew Plant Glossary, 2nd edition, H. Beentje (Kew Publishing, 2016)
皇家邱園植物詞彙表，第二版
H‧賓傑著（皇家邱園出版，2016 年）
絕妙而且實用，閱讀任何深入的植物書籍時，手邊必備的輔助。

Nature's Fabric, D. Lee (University of Chicago Press, 2017)
大自然的織品
D‧李著（芝加哥大學出版社，2017 年）
有趣且插圖豐富，科學與文化的融合──極為詳細，但易於閱讀。

* Flowers in History, P. Coats (Weidenfeld& Nicolson, 1970)
歷史上的花朵
P‧寇茲著（威登菲爾德與尼可森出版社，1970 年）
敘述詳實的社會和傳統歷史以及園藝學。

可食用植物

Dangerous Tastes: The Story of Spices, A. Dalby
(British Museum Press, 2000)
危險品味：香料的故事
A・道比著（英國博物館出版社，2000 年）
令人愉快的輕鬆閱讀經驗，可信的手法敘述每
種香料背後的故事。

McGee on Food & Cooking, H. McGee (Hodder &
Stoughton, 2004)
麥基談食物與烹飪
H・麥基著（霍德與斯托頓出版社，2004 年）
一本很棒（且廣角）的參考書，受到廚師和植
物愛好者的喜愛，敘述角度非常科學。

The Oxford Companion to Food, A. Davison
(Oxford University Press, 1999)

食物大全
A・戴維森著（牛津大學大學出版社，1999 年）
按字母順序排列的大部頭參考書，內容包含所
有我們實用的東西。

Sturtevant's Notes on Edible Plants, U.P. Hedrick, ed.
(J.B. Lyon Company, 1919)
斯特爾凡食用植物手冊
U・P・赫德里克編輯（J・B・里昂出版社，
1919 年）
百科全書式的參考和很棒的食物史剪影，主要
針對農夫和種植者。

一般參考

這些內容包羅萬象的絕佳出版物價格不菲，卻
能讓你在圖書館裡流連忘返。

Biology of Plants, 7th edition, P.H. Raven, R.F. Evert
and S.E. Eichhorn (W.H. Freeman & Co, 2005)
植物生物學，第七版
P・H・瑞文，R・F・埃佛特，S・E・艾克宏
合著（W・H・富里曼出版社，2005 年）
我最常翻閱的植物科學通用教科書。

The Plant-book, D.J. Mabberley (Cambridge
University Press, 2006)
植物大全
D・J・麥博利著（劍橋大學出版社，2006 年）
以植物種分類，豐富得令人屏息，但字體也因
此格外細小，針對植物狂熱人士。

*Sustaining Life: How Human Health Depends on
Biodiversity,* E. Chivian and A. Bernstein (Oxford
University Press, 2008)
永續生命：人類健康如何依賴生物多樣性
E・奇維安和A・伯恩斯坦合著（牛津大學出
版社，2008 年）

地球上每位政治人和決策者必讀。

*Tropical & Subtropical Trees: A Worldwide
Encylopaedic Guide'* M. Barwick (Thames &
Hudson, 2004)
熱帶及亞熱帶樹木：環球百科導覽
M・巴爾威克著（泰晤士及哈德森出版社，
2004 年）
大部頭，插圖精美，文字異常輕鬆。

歷史上的旅行和植物學的演進

對植物充滿濃厚興趣的早期旅者故事非常有趣，並告訴我們許多當時的生活狀況。十九世紀初亞歷山大·馮·洪堡在南美洲的旅行是了不起的個人科學之旅。十九世紀中葉關於遠征隊的紀實報告包括亨利·華特·貝茨（Henry Walter Bates）標題樸實的《亞馬遜河上的博物學家》（*The Naturalist on the River Amazons,* 1863）和約瑟夫·道頓·胡克（Joseph Dalton Hooker）的《喜馬拉雅日誌》（*Himalayan Journals,* 1854）都是很棒的讀物。*瑪麗·金斯利（Mary Kingsley）的《西非之旅》（*Travels in West Africa,* 1893）是關於她收集植物標本的旅程，過程精采又緊張。另一位旅者，也是有史以來最偉大的博物學家之一，是查爾斯·達爾文。他的《物種起源》（*Origin of Species,* 1859）應該納入每個人的閱讀清單裡，但我特別喜歡的是《昆蟲為蘭花授粉的各種手段》（*The Various Contrivances by Which Orchids are Fertilised by Insects,* 1862），精采地讓我們深入了解達爾文的觀察方法和奇詭的蘭花世界。這些讀物全都有廉價的現代版本。

經濟植物學

這些書是關於人類使用植物的故事。

*Plants from Roots to Riches, K. Willis and C. Fry (John Murray, 2014)
從草根到富人階級
K. 偉立斯和 C. 符萊合著（約翰莫瑞出版社，2014 年）
令人興奮的個別香料歷史。

*Plants and Society, E. Levetin and K. McMahon (McGraw Hill, 2020)
《植物與社會》
E·勒維廷和 K·麥克馬宏合著（麥克勞·希爾出版社，2020 年）
可讀性高，之前的版本也能以合理的價格取得。

The Commercial Products of India, G. Watt (John Murray, 1908)
印度的商業植物
G·瓦特著（約翰莫瑞出版社，1908 年）
非常詳盡的手冊，介紹每一種具有潛在商業用途的植物，除了歷史和文化之外，還包括培育資訊。對洞悉大英帝國特別有用。

People's Plants: A Guide to Useful Plants of Southern Africa, B.-E. vanWyk and N. Gericke (Briza Publications, 2007 年)
人民的植物：南非實用植物指南
B-E·凡外克和 N·格里科合著（布里薩出版社，2007）
囊括許多閃米特人使用植物的實例，他們是世界上最後一批狩獵採集者。

Plants in Our World, 4th edition, B.B. Simpson and M.C. Ogorzaly (McGraw-Hill, 2013)
我們世界裡的植物，第四版
B·B·辛普森和 M·C·歐果爾札利合著（麥格勞希爾出版社，2013 年）
非常出色的通識書籍，說明植物對人類的用途。

藥品，毒品和毒藥

Dangerous Garden, D. Stuart (Frances Lincoln, 2004)
危險花園
D・史都華著（弗朗西斯・林肯出版社，2004年）
科學與歷史的精采結合，鉅細靡遺的研究，文字平易近人。

Narcotic Plants, W. Emboden (Collier Books, 1979)
毒品植物
W・安伯登著（科立耶出版社，1979年）
很容易閱讀的生物和文化一體著作。

Plants That Kill, E.A. Dauncey and S. Larsson (Royal Botanic Gardens Kew, 2018)
致命植物
E・A・道西和S・拉森合著（皇家邱園，2018年）
華麗的插圖，清楚的解釋，引人入勝的犯罪案件和意外中毒事件。不是理想的睡前讀物。

Murder, Magic and Medicine, J. Mann (Oxford University Press, 1994)
謀殺、魔法與醫學
J・曼恩著（牛津大學出版社，1994年）
與其他類似著作相較，需要更了解科學。

還有兩本參考書：
Medicinal Plants of the World, B.-E.vanWyk and M. Wink (Timber Press, 2005)
世界藥用植物
B-E・凡外克和M・溫克合著（林木出版社，2005年）

Mind-altering and Poisonous Plants of the World, B.-E.vanWyk and M. Wink (Timber Press, 2008)
世界迷幻及有毒植物
B-E・凡外克和M. 溫克合著（林木出版社，2008年）

社會和文化史

Compendium of Symbolic and Ritual Plants in Europe (Man & Culture Publishers, 2003)

歐洲符號與儀式植物概述 M・德克林與M・C・勒眞合著（人類與文化出版社，2003年）
引人入勝的兩部參考書。可讀性高，並且具有很強的歐洲觀點。

The Cultural History of Plants, G. Prance and M. Nesbitt, eds (Routledge, 2005)
植物文化史
G・普蘭斯和M・奈斯比合編（盧特列支出版社，2005年）
極富重量，很好的研究起點。

*《甜與權力：糖──改變世界體系運轉的關鍵樞紐》西敏司／著（大牌出版，2020年）
Sweetness and Power, S.W. Mintz (Penguin Books, 1985)
關於糖、政治和貿易。

Flowers and Flower Lore, 3rd edition, H. Friend (Sonnenschein, 1886)
花朵與花的傳說，第三版
H・佛蘭德著（松能山出版社，1886年）
詳盡的資訊來源，多年來許多出版物都從中取得參考資料。

更多更專業的資源

有很多書籍針對個別的屬，甚至是種。這裡是幾本特別有意思的讀物：

A Natural History of Nettles, K.R.G. Wheeler (Trafford, 2005)
蕁麻的自然史
K‧R‧G‧惠勒著(特拉佛德出版社，2005 年)
好一部著作！引人入勝的細節涵蓋了民俗、科學和歷史。

The Book of Bamboo, D. Farrelly (Sierra Club Books, 1984)
竹之書
D‧費勒利著（高山俱樂部出版，1984 年）
出奇地詳細和令人滿意的讀物。

Orchid Fever, E. Hansen (Methuen, 2001)
蘭花熱

E‧韓森著（梅圖溫出版社，2001 年）
「關於愛、情慾，和瘋狂的園藝故事」，一針見血。

Vegetables from the Sea, S. and T. Arasaki (Japan Publications Inc., 1973)
來自海洋的蔬菜
T‧荒崎著（日本出版物公司，1973 年）
生物學、文化和食譜的不尋常組合。

《關於咖啡的一切》威廉‧H‧烏克斯／著（柿子文化，2021 年）
All about Coffee, W.H. Ukers (Tea and Coffee Trade Journal Company, 1922)
針對咖啡和植物迷，多次重印，有來自數家出版社的平裝本。書中有豐富的資訊，所以要留意刪減版本或小字體版本。

學術著作

這些書包含很多科學術語，除非能找到較舊的版本，否則可能會很貴。書中有些部分滿容易閱讀，所以值得在圖書館找找看。

Plant–Animal Communication' H.M. Schaefer and G.D. Ruxton (Oxford University Press, 2011)
植物與動物之間的溝通
H‧M‧謝佛和 G‧D‧拉克斯頓著（牛津大學出版社，2011 年）
動物與植物對彼此傳達信號的各種方式。這個群組裡最容易閱讀的書。

The Evolution of Plants, 2nd edition, K. Willis and J.C. McElwain (Oxford University Press, 2004)
植物的演化第二版
K‧威利斯和 J‧C‧麥凱文合著（牛津大學大學出版社，2004 年）
探索植物家族之間出現差異的原因。

Avoiding Attack, G.D. Ruxton, T.N. Sherratt and M.P. Speed (Oxford University Press, 2004)
趨避攻擊
T‧N‧謝拉特和 M‧P‧斯畢德合著（牛津大學出版社，2004 年）
植物和生物如何防止自己成為獵物？

Leaf Defence, E.E. Farmer (Oxford University Press, 2014)
葉片的防禦機制
E‧E‧法默著（牛津大學出版社，2014 年）
植物如何避免變成某些動物的午餐？

可免費使用的在線資源

生命百科全書

www.eol.org

包含每個已知物種的條目，其關鍵屬性、分布地圖和照片。

國際植物園協會

www.bgci.org

使用網站上的植物園搜尋功能尋找你所在之處的植物園和活動訊息。

作者的網站

www.jondrori.co.uk/80plants

網站裡有許多依照類別排列的連結，包括：資源特別多的植物園；植物部落格；樹木；民族植物學、文化和民間傳說；藥用資源；適合孩童的資源；農業、農作物及其野生親戚；特定國家的資源；受歡迎的植物科學；演化；個別植物種；經濟植物學；可食用植物；以及大量的閱讀清單。我也納入了與本書各種植物有關的連結和學術參考資源。

索引

關於插畫家

綠西兒·克雷克，是法國插畫家，是巴黎 ENSAAMA 視覺傳播系的 DSAA 和倫敦中央聖馬丁藝術與設計學院的傳播設計碩士。她的主要工作內容為出版設計，但也執行過室內設計和裝置案件。她曾經合作過的客戶包括貝魯提（Berluti）、迪奧（Dior）、DC 漫畫（DC Comics）、法羅與鮑爾油漆（Farrow & Ball）、福南梅森（Fortnum & Mason）、巴黎酒店（Hôtel de Paris）、瑪莎百貨公司（M&S）、皇家阿爾伯特音樂廳（Royal Albert Hall）、維多利亞與艾伯特博物館（V&A Museum）、溫莎牛頓（Winsor & Newton）、歷史皇家宮殿（Historical Royal Palaces）、凡爾賽宮（Versailles Palace）。她的作品絕大多數是透過手繪和絹印完成，大部分靈感來自於倫敦市，以及自然和城市間的關係。

作者謝詞

每位作者都需要編輯，安德魯·洛夫具有我能想見的所有優點：洞察力、回應迅速、耐性、委婉地令人心悅誠服。喔，還很有趣！綠西兒·克雷克著實讓我大開眼界，希望你們和我一樣，也覺得她的插畫使本書文字更完整。凱蒂·麥考斯基和亞伯托·葛雷哥協助我找到適合的圖和綠西兒簡報；若沒有瑪蘇密·布里佐和費莉西蒂·奧德，這本書就不會如此美麗又和諧。

感謝皇家邱園（德洛里的天堂）的圖書館和檔案室職員們鼎力相助，還有倫敦大學圖書館的卡洛琳·金貝爾。我打從心底感謝親切的專家們不吝花時間慷慨閱讀本書初稿：史都華·蓋伯、查爾斯·高福萊、麥可·格林伍德、傑奧夫·豪汀、裘·歐斯朋。英國植病局裡堅決的守護者露西·卡森－泰勒是超級啦啦隊，幫我釐清許多條目訊息。羅珊娜·菲爾海德和派翠西亞·博吉絲鉅細靡遺地審稿，若本書中還有任何錯誤，都要怪我自己。

和各個植物園及環境組織共事，讓我有機會接觸到了不起又富洞察力的專家們，我感謝他們每一位。

也要特別感謝我的邱園科學家朋友，慷慨地利用他們私人的時間讀我的手稿：喬納斯·慕勒、馬克·奈斯比（經濟植物學的老前輩），以及伊甸園計劃的麥克·蒙德。

我所做的大部分事情都是報導其他人的工作；科學家和歷史學家在過去許多世紀以來耗費心力觀察、蒐集、組織、研究他們的專業領域，將每一絲訊息彙整成人類的共同知識。沒有他們，就真的不可能有這本書。

我的妻子翠西和兒子傑可布耐心地忍受我探究奇怪植物世界的狂熱——甚至還被我傳染了一點點，雖然他們大概不想承認。

強納生·德洛里是林地信託基金會的大使 woodlandtrust.org.uk
也是世界自然基金會英國顧問團的大使 wwf.org.uk